U0187455

游戏开发与设计技术丛书

轻松上手2D游戏开发
Unity入门

[日] 真 工作室(STUDIO SHIN) 著

施佳贤 译

机械工业出版社
CHINA MACHINE PRESS

たのしい 2D ゲームの作り方

(Tanoshii 2D Game no Tsukurikata : 6411-3)

© 2021 STUDIO SHIN

Original Japanese edition published by SHOEISHA Co.,Ltd.

Simplified Chinese Character translation rights arranged with SHOEISHA Co.,Ltd.

through JAPAN UNI AGENCY, INC.

Simplified Chinese Character translation copyright

© 2023 by China Machine Press

北京市版权局著作权合同登记　图字：01-2022-3138 号。

图书在版编目（CIP）数据

轻松上手 2D 游戏开发：Unity 入门 / 日本真 工作室著；施佳贤译 . —北京：机械工业出版社，2024.3

（游戏开发与设计技术丛书）

ISBN 978-7-111-74671-3

Ⅰ. ①轻⋯　Ⅱ. ①日⋯ ②施⋯　Ⅲ. ①游戏程序 – 程序设计　Ⅳ. ① TP311.5

中国国家版本馆 CIP 数据核字（2024）第 032541 号

机械工业出版社（北京市百万庄大街 22 号　邮政编码 100037）

策划编辑：王　颖　　　　　　责任编辑：王　颖

责任校对：王小童　李　杉　　责任印制：常天培

北京宝隆世纪印刷有限公司印刷

2024 年 4 月第 1 版第 1 次印刷

186mm×240mm・22.75 印张・1 插页・505 千字

标准书号：ISBN 978-7-111-74671-3

定价：129.00 元

电话服务　　　　　　　　　网络服务

客服电话：010-88361066　　机 工 官 网：www.cmpbook.com

　　　　　010-88379833　　机 工 官 博：weibo.com/cmp1952

　　　　　010-68326294　　金 书 网：www.golden-book.com

封底无防伪标均为盗版　　机工教育服务网：www.cmpedu.com

译者序

　　游戏开发是当今计算机技术应用的热门领域。近年来，随着计算机软硬件技术的迅速发展，以及各类大型游戏主机的不断更新换代，游戏正朝着大规模、高复杂度、高品质发展，且多平台化、跨终端化的内容制作开发成为现阶段游戏产品生产的重要方式，虚拟现实（VR）和增强现实（AR）技术的不断发展为游戏开发带来了新的机遇与挑战。

　　无论多么复杂的游戏，其本质终归万变不离其宗，都是建立在优秀的游戏理念规划和游戏机制基础上的，即离不开四大要素：规则、敌人和阻碍、干涉和变化，以及奖励。一些简单甚至"简陋"的游戏，比如"俄罗斯方块"，却常常更具娱乐性，让人欲罢不能。这就是游戏设计的魅力。只要能够将上述四大要素运用得当，就能够为优秀的游戏设计打下坚实的基础。

　　游戏开发涉及的内容博大精深，初学者可能会对此感到无所适从，不知从何入手。本书的目的就是通过设计最简单的 2D 游戏，来帮助读者掌握游戏设计和编程的基础知识、开发流程、主要技术，以及相关工具，为读者进入游戏开发的殿堂打开一扇门。通过阅读本书，读者将深入了解游戏编程的核心技术和游戏开发的全过程，进而能够独立开发简单的游戏项目。本书使用的游戏开发引擎 Unity 和 C# 编程语言是当前市面上主流的游戏开发工具，在学完本书以后，读者将能够掌握基本的游戏设计技巧，并能够使用两种强力的工具，可谓一石二鸟。

　　本书丰富的插图和轻松的笔调，辅以由浅入深、循序渐进的知识结构，可激发读者对游戏编程的兴趣和热情。为了适应我国读者使用中文版 Unity 及相关软件的实际情况，译者对第 1 章的 1.1 ～ 1.4 节内容进行了改写。在学习本书之余，读者可以灵活利用互联网上丰富的在线资源，更好地解决遇到的问题和学习新的技术，同时为游戏开发找到大量的灵感和素材。

　　千万不要小看了 2D 游戏，它是一切现代游戏的起源和基础。相信本书将为读者打开一扇窗，让读者更加深入地体会游戏编程的魅力和挑战。灵活运用设计技术和编程技巧，辅以游戏机制的良好规划和一定的美术与音乐素养，2D 游戏也可以玩出花样来。

施佳贤

前言

本书是"对游戏开发感兴趣""打算制作游戏但不知从何入手""没有编程经验"这些读者的游戏开发入门书。阅读本书并不需要任何特殊的知识背景，只需要保持"喜爱游戏，想制作游戏"这样的心态即可。当然，如果能具备初级的数学知识，那就再好不过了。

本书结构

本书由以下三部分组成。

- 第一部分：游戏开发的基础。
- 第二部分：开发 Side View 游戏。
- 第三部分：开发 Top View 游戏。

第一部分介绍游戏开发的基本思路，以及游戏开发软件 Unity。

第二部分和第三部分介绍使用 Unity 开发游戏，并按顺序介绍从游戏画面制作方法到角色移动方式等一系列内容。虽然当前游戏的主流是使用多边形模型的 3D 游戏，但是本书开发的游戏限定为 2D 游戏，也就是使用平面图像的游戏。这是出于以下原因：

对于初学者来说，学习简单地游戏开发更为重要。以 2D 游戏为主题，可以保证简单、易懂，从而帮助读者更好地掌握游戏开发技巧。

为原创游戏开发打下坚实的基础。即便没有游戏开发的经验，通过学习 Side View（横版画面）游戏开发和 Top View（俯视画面）游戏开发，可创作简单的游戏。保持热情对游戏开发而言是非常重要的。

示例文件

本书使用的示例文件可以从下面的网址下载：https://www.shoeisha.co.jp/book/download/9784798164113。

示例文件以 ZIP 格式压缩，可将其解压后使用。示例文件及其数据属于作者和翔泳社所有，任何人不得传播或者用于商业目的。

上述网址可能会失效，恕不另行通知。此外，尽管作者和出版社已经尽了做大努力确保上述网址内容的正确性，但对其内容和示例的使用结果不承担任何责任。

目录

第一部分

游戏开发的基础

在着手开发游戏之前，首先思考下"游戏究竟是什么？"这个问题。

如今，提起游戏，首先浮现在脑海中的是"使用电子设备的娱乐活动"，即电子游戏，比如使用个人计算机、智能手机、专用游戏主机等进行的游戏。

第 1 章　了解游戏开发和 Unity

第 2 章　用 Unity 开发第一款游戏

第 3 章　编写脚本

Chapter

1

第1章
了解游戏开发和 Unity

任何事情都是从最初的想法开始的。大家在想开发游戏的时候，脑海中有没有浮现出自己喜欢的游戏呢？

每个人都有自己喜欢的游戏，想把自己喜欢的游戏做出来，这就是游戏开发的动力。

1.1 游戏的四大要素

◆ 1. 规则

无论什么游戏一定会有规则，都是建立在规则之上的。打破既定的规则在游戏中基本上是不允许的。

开发游戏也可以说等同于制定规则。通过制定合理的规则，设计者才能开始探索开发游戏和使之有趣的方法。此外，游戏的规则还要有可行性。

◆ 2. 敌人和阻碍

游戏里一定要有敌人存在，就像团队竞技运动和格斗比赛一样。有时候游戏里没有明确的敌人，此时可以将阻碍看作敌人。例如在解谜类游戏和推理类游戏中，玩家需要解开的谜题和诡计就是一种阻碍，也可以称之为敌人。

敌人和阻碍是增加游戏趣味性的最重要的因素。在电影和漫画中也是这样，主角的敌人越是强大而富有吸引力，作品也就越吸引人。

3. 干涉和变化

电影、漫画和小说等属于按照作者设定好的流程单向进行的娱乐活动。游戏则是将玩家的行动反映到结果中的双向进行的娱乐活动。

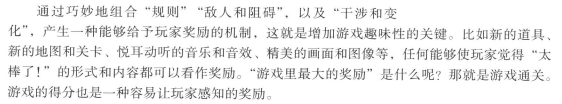

当玩家采取某种行动时，游戏中的状况也会发生变化。正是这种玩家的干涉引起的变化，使得玩家产生想继续玩下去的想法。

4. 奖励

游戏属于娱乐的一种，因此对玩家而言，趣味性是非常重要的。而游戏是否有趣，则是由上述的"规则""敌人和阻碍"，以及"干涉和变化"的组合方式所决定的。

奖励也是决定游戏趣味性的一个因素，可以说玩家正是为了得到奖励才玩游戏。

通过巧妙地组合"规则""敌人和阻碍"，以及"干涉和变化"，产生一种能够给予玩家奖励的机制，这就是增加游戏趣味性的关键。比如新的道具、新的地图和关卡、悦耳动听的音乐和音效、精美的画面和图像等，任何能够使玩家觉得"太棒了！"的形式和内容都可以看作奖励。"游戏里最大的奖励"是什么呢？那就是游戏通关。游戏的得分也是一种容易让玩家感知的奖励。

让我们假设眼前有一个跳不过去的大坑。然后假设越过大坑就是游戏的规则。之前我们提到游戏的规则应该在玩家能够响应的合理范围内，因此在越过大坑这个规则的基础上，玩家会做如下思考："是不是存在帮助我跨越这个大坑的道具或者机关，或者有没有路可以绕过去？"当然，因为不可以违背规则，所以游戏制作方一定会事先备下越过大坑的办法。

规则本是用来限制玩家的，但是在不背叛玩家这个大前提下，让玩家遵守规则可以给他们带来安心感、成就感和满足感。另外敌人和阻碍越强大，成就感和满足感就越大。这在现实世界中亦是如此。

本书接下来将会开始介绍游戏开发的流程，需要时刻把"规则""敌人和阻碍""干涉和变化""奖励"这四点记在心中。

1.2 游戏开发前的准备

游戏开发前需要准备个人计算机和素材。

1.2.1 个人计算机

如果要设计计算机游戏，那么计算机是必需的。这就好像建房
子时需要用到卡车、推土机和吊车一样。

在准备个人计算机的时候，大致有两种选择，分别是 Mac 和
Windows PC。

Mac 是美国 Apple 公司制造销售的个人计算机。计算机本体
和计算机里运行的基本软件 OS 都是由 Apple 公司开发的。与之相
对，Windows PC 的基本软件操作系统是由美国的 Microsoft 公司开
发的，计算机本体则是由世界各国的不同品牌公司制造的。

Mac 和 Windows PC 任选其一即可。这是因为本书使用的游戏开发软件 Unity 在这两个
系统上都可以运行。但是开发在智能手机（smartphone）上运行的游戏时则需要注意。

智能手机分为 Apple 公司的 iPhone 和 Google 公司的 Android 两种类型。在开发用于 iPhone
的软件的时候，Mac 是必需的。在开发的最后阶段计算机软件会进行称为编译的工作，只有
Mac 能够编译 iPhone 用的软件。由于 iPhone 是 Apple 公司独自开发的产品，所以这也是理所当
然的。

另一方面，Android 可由 Mac 和 Windows 两者编译。因此，如果打算进行 iPhone 和
Android 两方面的开发，那么使用一台 Mac 就可以达到目的。

名词解释：编译

将人所写的程序，转换成计算机能够理解的由 "0" 和 "1" 构成的机器语言的过程。

小贴士

本书的 Unity

本书使用的是 Mac 版本的 Unity。

1.2.2 素材

素材分为以下 3 种。

1. 图像

游戏中的图像应该尽可能地美观。

名词解释：图像

游戏角色和背景，以及其他画面上的显示要素，也就是游戏中能用眼睛看到的一切元素都可以用图像
处理软件来制作，也可以手工绘制后扫描到计算机中。常用的收费的图像处理软件有 Adobe 公司的
Photoshop 和 Illustrator，以及 CRIP STUDIO 等。

◆ 2. 程序

为了使游戏角色动起来，并响应玩家的操作，需要用程序设计语言编程。本书使用 Unity 进行游戏开发，Unity 则使用名为 C# 的程序设计语言。

> **▶名词解释：程序设计语言**
>
> 用字母和数字编写的命令文本。一般也称为源代码。
>
> 计算机无法理解人类的语言。通过使用被称为程序设计语言的基于英语的文本编写代码，再经过前面提到的编译过程，就能够将源代码转换成计算机能够理解的机器语言，从而游戏就能够运行了。

◆ 3. 声音

声音指的是音乐和音效。游戏中有音乐和音效是使游戏吸引人和有趣的关键。不过能够自己作曲的人毕竟是少数，大部分人还是会使用免费的音乐素材。有不少网站公开提供免费的音乐素材，可以加以利用。

1.3　了解 Unity

Unity 是游戏引擎，即开发游戏使用的软件。游戏引擎不单单只有 Unity，但是 Unity 是如今应用最广泛的游戏引擎。

Unity 具有以下特点：

◆ 1. 跨平台

Unity 能够适应许多游戏主机，可用于开发智能手机 App 和家用平台下的游戏。

◆ 2. 素材商店

Unity 除了软件本体之外还提供了一个叫作 Asset Store 的线上商店，提供大量的收费或免费的素材，包括图像、程序源代码、声音，以及 3D 游戏用的建模数据等。

◆ 3. 海量的信息

Unity 是当前最流行的游戏开发环境，通过它可获取海量的信息。

1.4　安装 Unity

那么就让我们开始安装 Unity 吧。请访问 https://unity.cn/。

Unity 的官方网站如图 1-1 所示。下载 Unity 之前首先需要注册一个 Unity ID，请单击图 1-1 中第一行最右侧的图标，再下拉菜单中选择"创建 Unity ID"以新建账号。

输入"电子邮件地址""密码""用户名""姓名"。分别阅读《Unity 服务条款》和《Unity 隐私政策》，如果同意的话就选中复选框。其余可选的选项可以按照自己的喜好加以选择。填写完成后，单击安全验证。通过验证后再单击"创建 Unity ID"按钮，完成账号的创建，如图 1-2 所示。

图 1-1

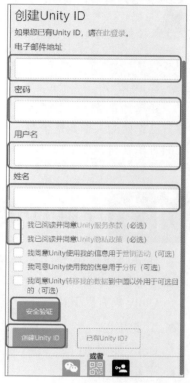

图 1-2

账号创建完成后，单击页面右上角的图标，在下拉菜单中选择"登录"，输入用户名和密码完成登录。然后单击"下载 Unity"按钮就会跳转到 Unity 的官方下载页面。

关于网站画面截图的注意事项

官方网站的画面内容和协议计划等皆为撰写本书时的状态，今后随时有可能发生变化。

使用 Unity 的时候，可以从免费的个人版（Personal 个人版）和收费的企业版（Plus 加强版 /Pro 专业版 / 企业技术支持）中进行选择，如图 1-3 所示。

本书使用免费的 Personal 个人版。在之后介绍 Unity 安装的时候会解释版本的选择。

Personal 个人版 试用 仅供个人学习使用	Plus 加强版 ¥310.75每月 适用于高要求的个人开发者及初步成立的开发团队。	Pro 专业版 ¥1421.54每月 支持对公转账、发票以及合同，欢迎通过以下方式联系我们。邮箱：onlinechina@unity.cn 电话：021-6147 3078	企业技术支持 定制价格 提供专业企业解决方案，排解企业项目中遇到的各种难题，欢迎您联系我们详谈具体需求
开始使用 Are you a student? Get the student plan	立即订阅	立即订阅	联系我们

| ① 财务资质 | 过去12个月整体财务规模未达到10万美金的个人用户可以使用Unity Personal | 过去12个月整体财务规模达到20万美元以上的企业需要购买Unity Plus，整体财务状况是指注册资本、融资资金、员工工资、租赁办公室等商业资产全部需要计算在内的总和，不是单指年收入，或Unity项目收益。 | 过去12个月整体财务规模达到20万美元以上的企业需要购买Unity Pro，整体财务状况是指注册资本、融资资金、员工工资、租赁办公室等商业资产全部需要计算在内的总和，不是单指年收入，或Unity项目收益。 | 最少 20 个席位。如果您过去12个月整体财务规模达到20万美元以上的企业则需要使用 Pro 或 Enterprise |

图 1-3

免费版本和收费版本的区别

　　免费版本并不存在所谓功能上的限制。免费版本和收费版本的主要区别在于"技术支持的范围"和"游戏启动时是否显示 Unity 的 logo"。用免费版本的 Unity 开发的游戏，启动时会显示 Unity 的 logo。

下面简单介绍下各种版本。

1. 个人用版本（免费版本）

Personal 个人版：个人使用，适合初学者的版本。使用 Unity 开发游戏所获得的收益必须不满10 万美元每年。可以免费使用 Unity。

2. 企业用版本（收费版本）

- Plus 加强版：个人使用，适合个人开发者和初步成立的开发团队的版本。使用 Unity 开发游戏所获得的收益不超过 20 万美元每年，每月需要支付约 310.75 元使用费。
- Pro 专业版 / 企业技术支持：企业，或者个人收益超过 20 万美元每年的情况下使用的版本。Pro 专业版每月需要支付约 1421.54 元的使用费，企业技术支持版需要支付定制价格的费用。这两种情况面向使用 Unity 开发游戏的专业游戏开发人员。

　　在 Unity 的下载页面中，滚动屏幕至下方，可以看到 Unity 的下载选项，如图 1-4 所示。

图 1-4

为了使用 Unity，首先要安装一个叫作"Unity Hub"的软件。Unity 会进行频繁的版本升级，使用 Unity Hub 可以同时安装并使用多个不同版本的 Unity，也可以用其对开发的游戏进行管理。

接下来请单击"下载 Unity Hub"按钮来下载 Unity Hub。

1.4.1 安装 Unity Hub（Mac 版）

下载磁盘安装包后双击打开，通过拖放将 Unity Hub.app 复制到 Applications 文件夹中，如图 1-5 所示。

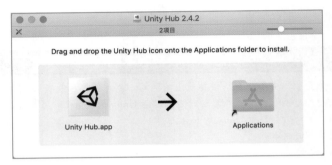

图 1-5

复制完成后，通过双击 Applications 文件夹中的 Unity Hub.app 来启动 Unity Hub。

1.4.2 安装 Unity Hub（Windows 版）

双击下载的文件，会弹出"许可证协议"的提示窗口，单击"我同意（I）"按钮以继续，如图 1-6 所示。

图 1-6

接下来会弹出"选定安装位置"的提示窗口。选择要安装 Unity Hub 的文件夹，单击

"安装（I）"按钮，如图 1-7 所示。

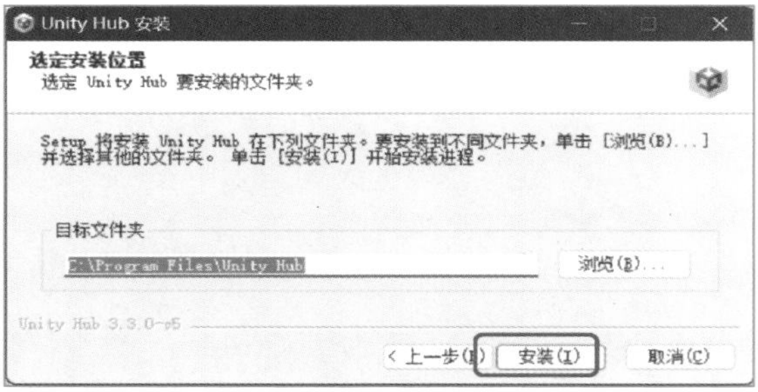

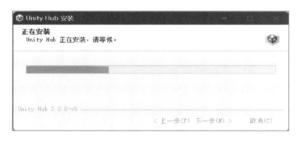

图 1-7

随后就开始 Unity Hub 的安装过程，如图 1-8 所示。

图 1-8

安装完成后会弹出对话框，如图 1-9 所示。选中"运行 Unity Hub（R）"的复选框后单击"完成（F）"按钮，启动 Unity Hub。

图 1-9

1.4.3 通过 Unity Hub 安装 Unity

Unity Hub 启动后会显示图 1-10 所示界面。

图 1-10

在使用 Unity 之前首先需要进行许可证注册。

由于之前已经创建了 Unity ID，此时单击 Unity Hub 窗口左上角的图标，在弹出的菜单中选择"登录"，就会显示登录界面，输入邮箱和密码来登录。

如果需要注册新的 Unity ID 的话，也可以单击这里的"创建账号"。

如图 1-11 所示，在账户注册的页面中输入"电子邮件地址""密码""登录名"（"用户名"和"姓名"），选择同意"Unity 服务条款"和"Unity 隐私政策"复选框，单击"安全验证"按钮验证之后，再单击"创建 Unity ID"按钮，账户就注册好了。

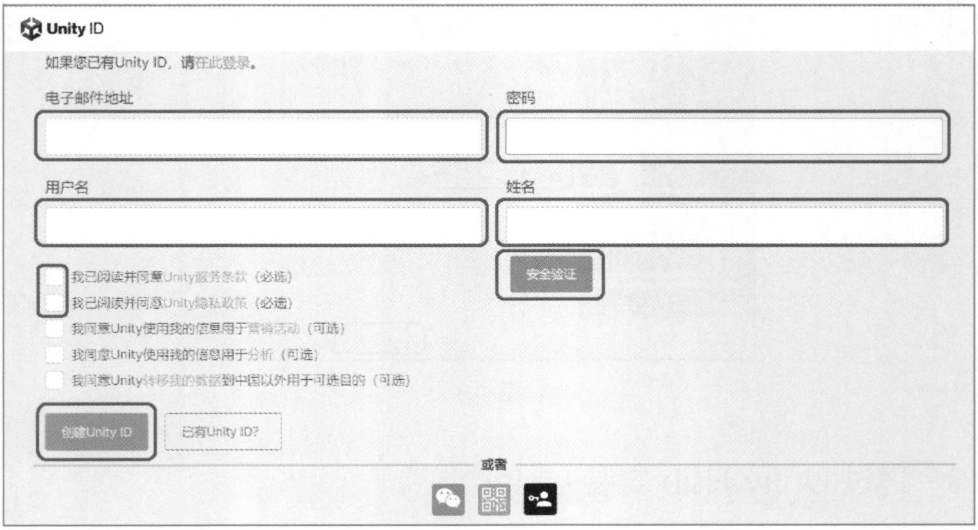

图 1-11

接下来进行许可证的认证。单击左侧边栏右上角的齿轮按钮，切换到"偏好设置"界面。单击左侧的"许可证"标签栏，显示"添加许可证"界面，再单击"添加许可证"按钮，如图 1-12 所示。

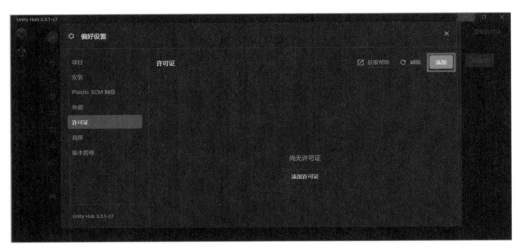

图 1-12

本书使用免费版，因此选择"获取免费的个人版许可证"，如图 1-13 所示。阅读许可证的内容，并单击"同意并取得个人版授权"，免费版的许可证就得到认证了。

图 1-13

顺利完成认证后，单击右上角的"×"按钮关闭"偏好设置"界面，返回之前的界面。

1.4.4　安装 Unity 本体

接下来通过 Unity Hub 来安装 Unity。从左边的标签栏中选择"安装",单击右上角的"安装编辑器"按钮,如图 1-14 所示。需要注意的是,安装 Unity 需要占用相当大的磁盘空间,请时刻关注计算机的剩余硬盘空间,最少需要预留 13 GB 的硬盘空间。

图 1-14

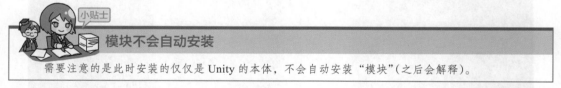

模块不会自动安装

需要注意的是此时安装的仅仅是 Unity 的本体,不会自动安装"模块"(之后会解释)。

此时会显示可以安装的版本列表。

选择希望安装的版本,单击"安装",如图 1-15 所示。

接下来选择想和 Unity 同时安装的模块。

在图 1-16 中,请一定要选中" Microsoft Visual Studio Community 2019",这是用来编写程序的编辑器。它下面的"平台",显示的是游戏开发的对象平台。开发智能手机游戏的时候请选中" Android Build Support"[进行 iPhone 和 iPad 应用开发的时候选中" iOS Build Support",进行 Mac 软件开发的时候选中" Mac Build Support (Mono)"]。此列表可以上下滚动。通过滚动列表,还可以选择用于 Web 应用开发的" WebGL Build Support"以及"语言包(预览)"中的"简体中文"选项。WebGL 是用于 Web 浏览器页面游戏的模块。

图 1-15

图 1-16

关于这些游戏的导出方法，后续会详细介绍。

单击"继续"按钮，会依次显示 Visual Studio 和 Android SDK（用于导出 Android 平台游戏的程序）（如果选择安装"Android Build Support"的话）的许可证确认画面。如图 1-17 所示，选中"我已阅读并同意上述条款和条件"，并单击"安装"按钮，下载和安装就自动开始了。

图 1-17

耐心等待下载和安装完成后在安装标栏中就可以看到安装好的各版本的 Unity 了，如图 1-18 所示。

图 1-18

每个版本的 Unity 都是包含所有的模块一起安装到计算机中的。如果保留旧版本的话，会占用大量硬盘空间。如果硬盘空间告急的话可以保留最新版和最新版的前一版这两个版本，其余的版本就全部卸载掉吧。

可以下载和安装旧版本的 Unity。安装完成后，如果需要对指定版本的模块进行追加或者卸载的话，可以通过面板右上角的齿轮按钮来进行操作，如图 1-19 所示。

图 1-19

本书所使用的版本

本书使用出版时的最新长期支持版本：Unity Hub 3.3.1-c7 和 Unity 2021.3.13f1c1。

1.5 用 Unity 开发的游戏构成

用 Unity 开发出来的游戏主要由 "场景" "游戏物体" "组件" 和 "素材" 构成，如图 1-20 所示。

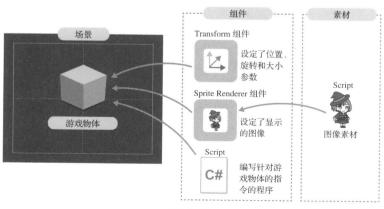

图 1-20

◆ **1. 场景（Scene）**

场景表示游戏的一个画面。游戏里除了主要的游戏画面之外，还会用到标题界面和得分界面等。这些画面都是以场景形式进行保存的。

◆ **2. 游戏物体（GameObject）**

场景中的一切物体都属于游戏物体。玩家角色和敌方角色、背景和显示的文字以及图像等，都在游戏物体的范畴内。通过下文提到的组件，可以将游戏物体变化为其他形式。

◆ **3. 组件（Component）**

组件与场景和游戏物体不同，是抽象的概念，简单来说就是为了让游戏物体发生变化而附加的数据。

组件分为很多种，通过附加各种不同的组件，游戏物体的外观和动作方式会产生各种变化。举例来说，玩家角色和敌方角色原本都处于同样的状态。此时，将主角的图像和通过玩家的操作使角色活动起来的程序等一系列的组件附加上去，玩家角色就逐渐成形。

◆ **4. 素材（Asset）**

素材的英语原文是"资源"的意思。Unity 将制作游戏的材料称为素材。通过将图像和音乐数据等素材附加到各种组件上来制作游戏物体。

Chapter

2

第2章
用Unity开发第一款游戏

2.1 新建项目

▶名词解释：项目

通过项目将游戏整体收纳到一个文件夹中。游戏所需的所有数据都保存在这个项目文件夹中。

2.1.1 项目

启动 Unity Hub，确认左侧的标签栏里当前选中的标签为"项目"，如图 2-1 所示。

单击窗口右上角的"新项目"按钮以新建项目。

单击"新项目"按钮后会打开图 2-2 所示的窗口。如果安装了多个不同版本的 Unity，在窗口的最上方会有个下拉菜单，可以通过它来选择版本。这里需要确定游戏的格式和项目名、保存路径等信息。本书开发的是 2D 游戏，因此选择上方的"2D"。

接下来输入项目名。下面要生成的项目将成为今后我们开发的"Side View"游戏的基础。因此这里我们将项目命名为"UniSideGame"，不过读者可以自由决定项目名称。

接下来选择保存路径。可以不做变更，也可以通过单击"位置"按钮选择想要保存的路径。

最后单击"创建项目"按钮生成项目，会在先前指定的路径中生成项目文件夹。

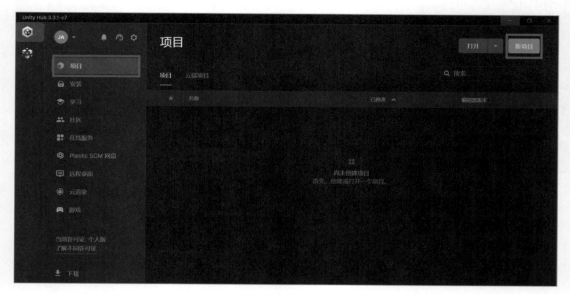

图 2-1

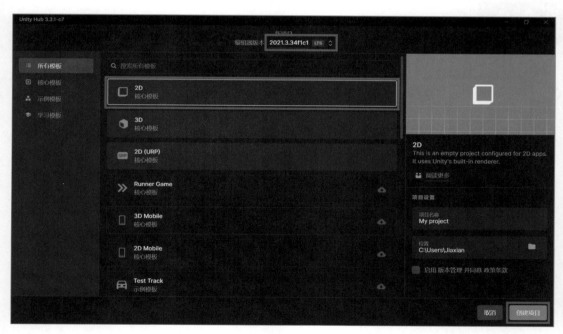

图 2-2

2.1.2 熟悉 Unity 的界面

新建项目之后 Unity 启动并打开一个窗口。接下来对该窗口进行介绍，Unity 的窗口可分为 5 块区域，如图 2-3 所示。

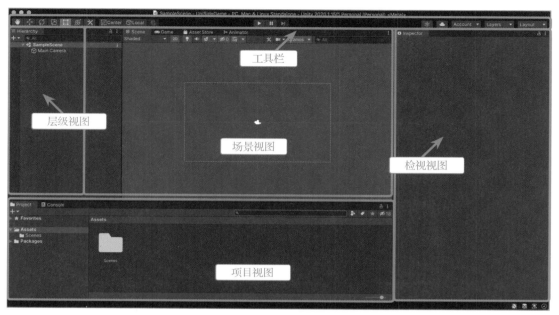

图 2-3

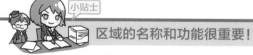

区域的名称和功能很重要！

在用 Unity 开发游戏的时候，会在多个区域来回切换进行作业。请牢记各区域的名称和功能。

◆ **1. 工具栏**

位于窗口上端的是工具栏。这里集成了使用 Unity 时会用到的各种基本功能。从左边开始依次介绍。

在工具栏的左侧，排列着 7 个按钮，如图 2-4 所示。我们主要使用其中 6 个。这些按钮主要是用来操作编辑器画面和游戏内配置的角色等游戏物体的。

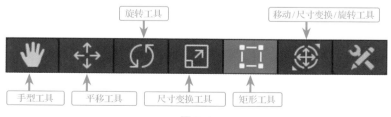

图 2-4

- 手型工具：用于拖曳画面。
- 平移工具：用于上下左右移动选中的物体。
- 旋转工具：用于旋转选中的物体。
- 尺寸变换工具：用于放大缩小选中的物体。
- 矩形工具：用于自由变换选中物体的位置和长宽尺寸。
- 移动 / 尺寸变换 / 旋转工具：可以同时进行移动、尺寸变换和旋转。

在工具栏靠近中央的地方有个启动按钮，可以用来控制游戏的启动和停止，如图 2-5 所示。

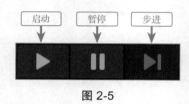

图 2-5

- 启动：启动游戏，再次单击可以停止游戏。
- 暂停：在游戏运行状态下单击可以暂停游戏。
- 步进：在游戏暂停状态下单击可以使游戏按帧运行。

▶名词解释：帧

游戏中每秒钟会对画面的显示进行几十次刷新。刷新的频率越高动作显示就越流畅。每次的画面刷新就叫作一帧。Unity 的标准设定是每秒刷新画面 50 次。

2. 场景视图 / 游戏视图 /Asset Store

在画面中央的一大块区域叫作场景视图。可以通过它上面的标签栏切换到游戏视图（游戏的运行界面）和 Asset Store（Unity 的线上商店）。这里是 Unity 的主界面。

场景视图是游戏的编辑界面。可以在这里通过配置游戏的背景和角色等来开发游戏画面。在场景视图的中央有一个白色的矩形框，这是游戏画面的外框。

3. 层级视图

在层级视图中会以列表的形式列出场景视图中所显示的所有物体，如图 2-6 所示。

4. 检视视图

在检视视图中会显示场景视图中所选中的物体的详细信息，如图 2-7 所示。

5. 项目视图

显示了游戏中使用到的材料（即素材）。素材可以通过拖放到此处的方式添加。通过上部的 "Console" 标签栏可以切换到控制台显示。控制台会显示游戏运行中的详细信息。

图 2-6

图 2-7

图 2-8

各个视图的位置是可以定制的。可以通过工具栏右侧的"Layout"下拉菜单（见图 2-8），或者主菜单的"Window"→"Layouts"来选择 5 种不同的配置。"Default"为默认的初始配置。本书使用 Default 配置，读者可以根据自身的喜好选择相应的配置。

小贴士

返回初始配置

如果不喜欢自定的配置，想要返回初始配置的话，可以选择"Default"来返回初始配置。

6.下载游戏示例和素材

开发游戏的时候，必须先要准备好原材料。读者可以使用自己准备的素材，也可以直接下载作者事先准备好的素材。

网址 https://www.shoeisha.co.jp/book/download/3601/read 中包含横版游戏的图像、声音等素材（制作游戏用到的材料 / 部件）。这些都是第 2 章～第 7 章会用到的游戏素材，请事先下载。

参阅：1.5 节的"素材"。

此外，第 2 章的项目文件可通过网址 https://www.shoeisha.co.jp/book/download/3602/read 下载，请一并作为参考。

用 Unity 打开下载文件的方法请参考 4.2 节。

参阅：4.2 节。

2.2 制作游戏画面

2.2.1 将图像素材导入到项目中

将 Side View 游戏用的图像导入到 Unity 中。解压缩下载的文件，里面有一个名为"UniSideGame_Assets"的文件夹。选中其中的图像文件夹 Image，拖放到项目视图的 Assets 文件夹中。图像文件将导入为 Unity 能够使用的图像素材，如图 2-9 所示。

参阅：1.5 节的"素材"。

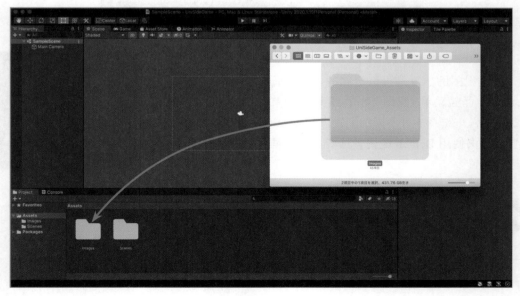

图 2-9

Unity 可以通过在项目视图中新建多个文件夹来管理数据。接下来会逐渐增加各种数据，如果这些数据全部都放到同一个文件夹中的话就会变得杂乱无章。单纯从游戏开发的角度来讲并没有什么问题，但是这里会通过新建子文件夹来管理。

在 Assets 文件夹的下面，新建文件夹来管理并对数据进行分类。选中 Assets 文件夹，点击"＋"按钮，选择最上方的"Folder"，如图 2-10 所示。这样就会在 Assets 的下面新建了一个文件夹。接下来对该文件夹进行适当的命名。可以通过拖放将数据添加到新建的文件夹中去。

接下来再新建几个文件夹，以便对数据进行管理。

新建 Player 文件夹，将和玩家角色有关的数据都放在这里。首先转移玩家的相关图像。以后凡是和玩家相关的数据都会放到 Player 文件夹中，如图 2-11 所示。

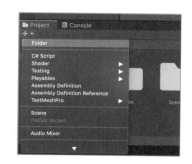

图 2-10

图 2-11

Scenes 文件夹是一开始就存在的，如图 2-12 所示。以后会在这里添加场景数据。场景的相关知识将在以后介绍。

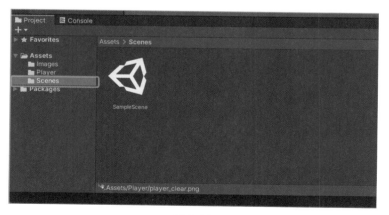

图 2-12

至此，已经在 Assets 文件下做好了下述文件夹，如图 2-13 所示。下面是它们各自的使用方法。

- Images：存放游戏使用的图像素材的文件夹。
- Player：存放和玩家角色相关的文件和数据的文件夹。
- Scenes：存放场景文件的文件夹。

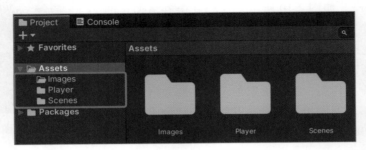

图 2-13

2.2.2 使用图像素材制作游戏画面

现在开始制作游戏画面。首先将项目视图中的背景图像"back"和地面图像"ground"拖放到场景视图中，如图 2-14 所示。这样就将地面的图案配置到了游戏画面中。

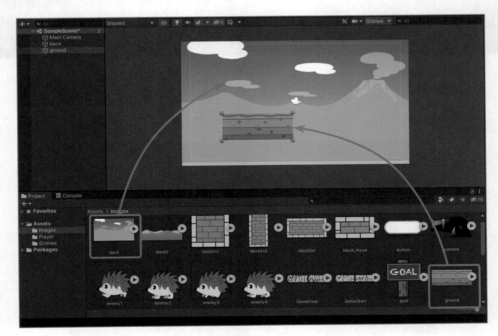

图 2-14

接下来配置玩家角色。将"player_stop"拖放到场景视图中,如图 2-15 所示。此时请适当调整各元素的位置。注意到在层级视图中也增加了相同名称的项目。同一个元素总是同时存在于场景视图和层级视图中。

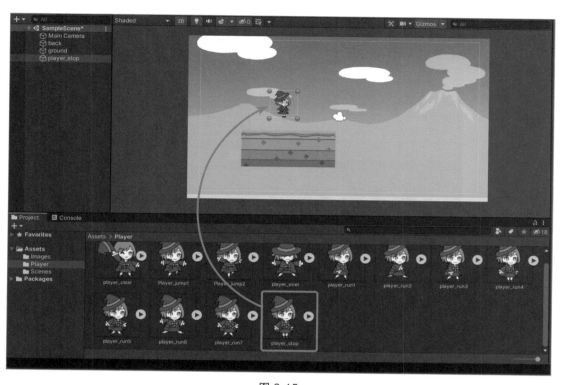

图 2-15

记得选中"Scene"标签栏

如果选中的是游戏视图的话,配置是不会成功的。在拖放前请确认场景视图的标签栏是否为"Scene"。

另外,如果看不到地面或者玩家角色的话,可能是由于地面和玩家角色被背景遮挡了,如图 2-16 所示。

后续也会提到,在这种情况下,请将检视视图中的"Sprite Renderer"的"Order in Layer"设定为 0 以上的值。

参阅:2.2.6 节。

图 2-16

将游戏物体配置到场景视图中并选中,检视视图的内容会发生变化。这里显示的是附属于游戏物体的组件。配置好图像后该游戏物体就会自动生成"Transform"和"Sprite Renderer"两个组件,如图 2-17 所示。

图 2-17

2.2.3　Transform

Transform 是用来决定位置、角度和缩放倍率的组件，包含以下 3 个参数。这些都是常用的参数，需要牢固掌握。

◆ 1. Position

使用 X（横向）、Y（纵向）、Z（深度）坐标来表示场景里游戏物体的位置。通过改变这些坐标值可以改变游戏物体的位置。

◆ 2. Rotation

表示游戏物体绕 X 轴、Y 轴、Z 轴旋转的角度。在开发 2D 游戏的时候只需要关注 Z 轴（垂直于屏幕的轴）方向的旋转就可以了。通过改变这个值可以改变游戏物体的旋转角度。

◆ 3. Scale

使用小数表示游戏物体的 X（横向）、Y（纵向）、Z（深度）的缩放倍率。通过改变这个值可以改变游戏物体的大小。

2.2.4　Sprite Renderer

Sprite Renderer 是用来显示图像的组件，含有几个参数。接下来介绍常用的 5 个参数。

◆ 1. Sprite

Unity 里将图像称作精灵（Sprite）。这个参数即指游戏物体上显示的图像素材。通过改变这个参数可以改变游戏物体上显示的图像素材。

◆ 2. Color

用于绘图的颜色。基础色为白色，可以改为其他颜色。

◆ 3. Flip

用于上下左右翻转游戏物体。

◆ 4. Sorting Layer

用称为层的组将游戏物体分组，可以给每个组设置显示的优先级。

◆ 5. Order in Layer

通过 Sorting Layer 划分的层，使用这个参数决定游戏物体的显示优先级。数字越大显示越靠前。

2.2.5 改变游戏物体的图像

在 Sprite Renderer 中有一个叫作"Sprite"的项目。可以看到这里显示了图像的文件名，如图 2-18 所示。

图 2-18

请单击此处。可以看到在项目视图中相应的图像进行了高亮显示。这样就可以知道使用的是哪个素材了。

接下来请单击"Delete"键删除,会显示"None(Sprite)"(意思是精灵(图像)不存在),图像在场景视图中也不再显示。然而通过层级视图可以看到游戏物体依然存在,这也就意味着刚才仅仅删除了显示的图像。

再次设定图像,选中游戏物体。由于图像已经消失不见了,所以可以通过层级视图进行选择。

在此状态下选中项目视图中的图像,将其拖放到"Sprite"右侧的文本框中,如图2-19所示。

图 2-19

这里需要注意的是,一旦选中了图像就不要松开鼠标按键。因为一旦松开了鼠标按键,操作就会变成选中图像本身,检视视图的显示内容会发生改变。虽然操作熟练了以后会很简单,但是最初可能会比较难以适应。本操作在 Unity 中会经常用到,请熟练掌握。

也可以通过单击文本框右侧的圆形小按钮来打开图像素材的选择列表,从列表中进行选择。

2.2.6 了解显示的优先级

地面和角色等一定要显示在背景之上,因此需要有意识地对优先级进行变更。可以通过将 Sprite Renderer 组件中的"Order in Layer"改成较大的数字来实现,如图2-20所示。

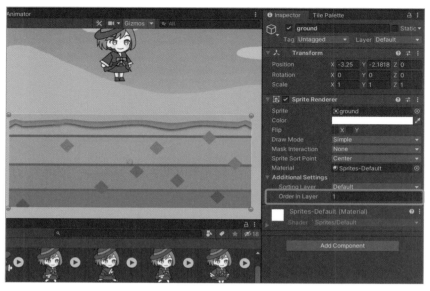

图 2-20

　　地面和玩家角色的显示优先级需要高于背景，因此将 Sprite Renderer 组件中的 "Order in Layer" 的值设置为比 0 大的数字（此处将玩家角色设为 3，地面设为 2），如图 2-21 所示。

图 2-21

　　这样图像显示的优先顺序就变成了 "角色 > 地面 > 背景"，如图 2-22 所示。

　　"Order in Layer" 的值相同的情况下，现实的优先级由 "Position Z" 的值决定（值越小显示越靠前）。

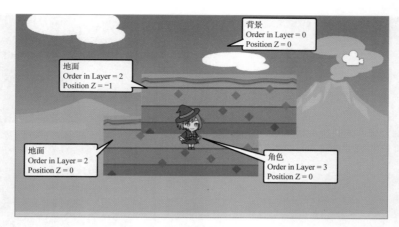

图 2-22

游戏画面的位置坐标

　　游戏画面上的位置通过 X 和 Y 坐标来表示。画面中央为 X=0，Y=0。往右为 X 的正方向，往左为负方向。往上为 Y 的正方向，往下为负方向。

　　这与用来表示游戏画面的位置和角度的坐标和向量有关。

　　参阅 3.3 节的小贴士"坐标和向量"。

　　在此状态下让我们启动游戏看看。单击工具栏中的启动按钮，画面会从场景视图切换到游戏视图，游戏随之启动，如图 2-23 所示。

图 2-23

再单击一次启动按钮游戏就停止运行并切换回场景视图。在此阶段我们只是配置了图像，因此画面上没有任何动作。不过这也算完成了一个仅有图像显示的游戏了。

2.2.7　学习 Unity 画面的操作方法

◆ 1. 选择游戏物体

有两种方法可以选择配置到场景中的游戏物体。

一种方法是用鼠标直接单击场景视图中显示出来的游戏物体，如图 2-24 中的右侧红框所示。另一种方法是在层级视图的列表中选择，如图 2-24 中左侧红框所示。随着场景视图中配置的游戏物体不断增多，直接在场景视图中选取会变得越来越困难。在层级视图中可以更加方便地选择。请根据实际情况灵活运用这两种方法。

图 2-24

◆ 2. 改变游戏物体的名称

配置到场景中的游戏物体都带有名称。通过拖放图像生成游戏物体的时候，其名称就是图像的文件名。

在场景中，游戏物体是通过名称来加以区分的，因此名称的选择十分重要。请掌握改变名称的方法。改变名称有下面两种方法。

一种方法是在层级视图中选中游戏物体，按"Return"键⊖。名称的文本会被选中成为可编辑状态，输入新的名称后再按"Return"键，名称就改好了，如图 2-25 所示。

另外一种方法是在检视视图的最上方显示有游戏物体的名称，可以通过直接在此输入来改变名称。这里将玩家的角色改为"Player"，如图 2-26 所示。

图 2-25

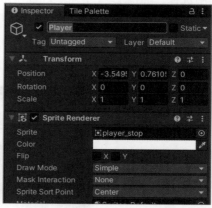

图 2-26

英文字母的大写和小写

英文字母区分大小写。这里词首的"P"使用了大写。请确认无误输入的是"Player"。

2.2.8 自由移动画面

在编辑游戏画面的时候，有时候需要放大画面的局部，或者需要改变显示的位置。下面说明操作方法。

使用鼠标滚轮（或触摸板）来放大缩小画面。鼠标滚轮和触摸板向上操作可以缩小画面（见图 2-27），向下操作可以放大画面（Mac 的话根据触控板和鼠标的设置，放大缩小的操作方向有可能与之相反，见图 2-28）。

⊖ 或"Enter"键，即回车键。

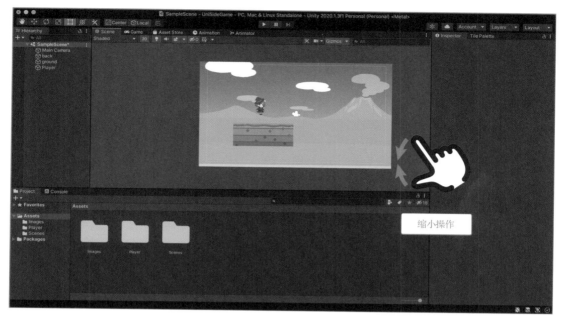

缩小操作

图 2-27

放大操作

图 2-28

2.2.9　学习工具栏图标的使用

1. 手型工具

滚动场景画面的时候使用工具栏中的手型工具，如图 2-29 所示。通过拖动画面来滚动场景画面。

图 2-29

在选中其他工具的时候，可以按住"Option"键（Windows 的话是"Alt"键）来临时切换到手型工具。

2. 平移工具

选中的游戏物体上会显示绿色和红色的箭头，如图 2-30 所示。点住绿色剪头可以进行纵向（Y 轴方向）的平移，点住红色箭头时可以进行横向（X 轴方向）的平移。把鼠标移到坐标轴的中央位置会显示黄色的四边形，点住后可以进行横向和纵向的移动。

图 2-30

3. 旋转工具

选中的游戏物体上会显示绿色（Y 轴）、红色（X 轴）和蓝色（Z 轴）的三重球体，点住球体可以绕各轴进行旋转，如图 2-31 所示。

图 2-31

由于本书的场景都是 2D 的，因此看起来会像是两根纵向和横向的线条以及一个圆形。试着关闭场景视图上方的"2D"。场景会切换成 3D 显示，这样就可以清楚地看出 3D 轴和球体了。

如图 2-32 所示，习惯旋转和轴的操作可能需要一定的时间。但是对 2D 游戏而言，我们只需要关心 Z 轴的旋转就可以了。

4. 尺寸变换工具

选中的游戏物体的两端会显示绿色和红色的两根线条，前端各附带一个四边形，点住绿色线条纵向移动可以进行纵向（Y 轴）的缩放，点住红色线条横向移动可以进行横向（X 轴）的缩放，如图 2-33 所示。

图 2-32

图 2-33

坐标轴的交点会显示一个黄色的四边形，点住它可以进行固定长宽比的缩放，如图 2-34 所示。

图 2-34

◆ 5. 矩形工具

如图 2-35 所示，选中的游戏物体的周围会显示一个白框，四个角落显示圆形的抓手。点住白框内部可以在纵横方向自由移动游戏物体（与平移工具的黄色四边形相同）。

图 2-35

点住四个角落的抓手可以自由改变游戏物体的矩形尺寸,如图 2-36 所示。

图 2-36

6. 移动 / 尺寸变换 / 旋转工具

可以一次性实现移动、尺寸变换和旋转,会同时显示这三个工具的操作 UI,分别使用就可以对游戏物体进行操作,如图 2-37 所示。

图 2-37

2.2.10 学习游戏物体的无效化和隐藏

在检视视图中的名称的前面有一个复选框,如图 2-38 所示。反选之后就可以使游戏物体无效化,也不再存在于游戏中。

将鼠标移动到层级视图的最左侧,会显示一个眼睛的图案,如果 2-39 所示。单击后可以使该游戏物体从场景中隐藏,再单击一次可以取消隐藏。这里隐藏的游戏物体在游戏实际运行中还是会显示出来的,所以这个功能仅适用于编辑状态下的暂时隐藏。

图 2-38

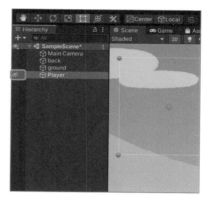

图 2-39

在层级视图的左侧的眼睛图案的右边有一个手指图案，如图 2-40 所示。单击后该游戏物体就无法在场景中被选中。这在操作重叠的游戏物体时十分有用。

2.2.11　保存游戏场景

完成场景的编辑后要对其进行保存。如果不进行有意识的保存操作，万一中途 Unity 崩溃了，那么工作就会全部付诸流水。请养成定期保存的习惯。可以使用 Mac 键盘上的"Command+S"和 Windows 的"Ctrl+S"来进行覆盖保存，如图 2-41 所示。

图 2-40

图 2-41

最初制作的场景会以 SampleScene 为名，保存在 Assets 文件夹的 Scenes 文件夹中。可以通过选择"File"菜单中的"Save"来覆盖保存当前编辑中的场景。

因为做的是游戏的初始关卡，所以选择"Save As..."（另存为），以"Stage1"为名保存到 Scenes 文件夹中，如图 2-42 所示。

场景保存完毕后，会生成一个文件并显示为一个图标，如图 2-43 所示。

图 2-42

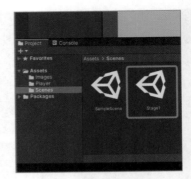

图 2-43

2.2.12　将场景登录到 Scenes In Build 中

只是将场景作为文件追加进来，还不能立即使用。在
Unity 中可以使用的场景需要先进行编译并登录。

在"File"菜单中选择"Build Settings..."，如图 2-44
所示。

这会打开"Build Settings"窗口，将保存好的场景文件
拖放到"Scenes In Build"的框内，如图 2-45 所示。这样这
个新的场景就可以使用了。

图 2-44

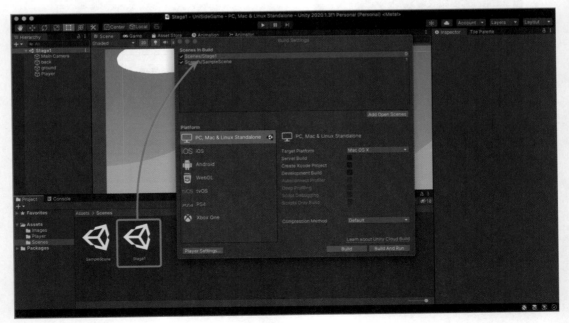

图 2-45

"Build Settings" 窗口是用于把 Unity 开发的游戏导出到各种不同的环境时进行参数设置用的。

游戏导出的相关内容会在本书后半部分进行介绍。

别忘了把场景添加到 Build Settings 中去!

场景制作完成后就把它添加到 Build Settings 中去。如果忘掉了这一步,游戏中就无法导入该场景。

2.3 制作玩家角色

接下来介绍如何将场景中配置的角色图像设定为游戏中可操作的玩家角色。

2.3.1 用图像素材制作游戏角色

玩家角色有以下几种动画模式。

◆ 1. 待机

停止状态的模式。在不移动的时候显示该图像,如图 2-46 所示。之前我们就是使用这个图像素材配置了角色。

◆ 2. 移动

移动状态中循环显示的动画模式。本次制作的范例模式将使用 7 格画面来显示动画,如图 2-47 所示。

图 2-46

图 2-47

◆ 3. 跳跃中

跳跃中的模式,使用 2 格画面来显示动画,如图 2-48 所示。

图 2-48

◆ 4. 终点

到达终点的模式，仅使用 1 格画面来显示动画，如图 2-49 所示。

◆ 5. 游戏失败

游戏失败时的模式。使用 1 格画面来显示动画（见图 2-50），但是附加了从关卡中逐渐消失的动画效果。

图 2-49

图 2-50

2.3.2　设定图像的基准点

基准点（Pivot）是指作为图像基准的点，一般把图像的中心作为基准点。将图像配置为游戏物体的时候，配置位置、缩放、旋转等的变形操作都是以基准点为原点的。

现在将图像的中央下方定为基准点，也就是将角色的脚底作为基准点。

选中项目视图的图像后会在检视视图中展示详细信息，在"Pivot"的下拉菜单中选择"Bottom"（中央下方），如图 2-51 所示。单击右下角的"Apply"按钮以应用更改。

请事先设定好所有角色画像的基准点。

图 2-51

基准点的设定和位置

游戏物体的原点，也就是基准点，通常都位于中央。游戏物体以该点为基准进行平移和变形。

这里假设配置了一个游戏物体，如图 2-52 所示。

由于基准点位于中央（Center），将这个游戏物体放大两倍后就变成了图 2-53 的样子。图像是以中心为基准进行放大的，看上去就好像陷入了地面。

如果将基准点设定为中央下方（Bottom），再将游戏物体放大两倍后就变成了图 2-54 中的样子。

要放大站在地面上的角色，需要将基准点设为中央下方，这样看起来才正常。在旋转的时候，可能还是将基准点设为中央比较合适。应该根据游戏物体的实际情况对基准点进行设定。

图 2-52

图 2-53

图 2-54

2.3.3 增加组件

对场景中的游戏角色增加组件以提升其功能的操作称为附着。

组件能够用来对游戏物体附加功能。将图像添加到场景中去的时候，已经附加了名为 Transform 和 Sprite Renderer 的组件。这是 Unity 自动附着的组件，如图 2-55 所示的铠甲，可以任意添加替换。

2.3.4 将重力（Rigidbody 2D）附加到游戏物体上

图 2-55

Side View 游戏中的世界是通过侧面观看的角度来展现的。此前已经将角色图像配置到场景中，做好了游戏角色的基础，只不过目前仅仅是将图像贴在画面上而已。要做出 Side View 游戏的角色，还需要增加向下的重力效果。

如何才能使重力生效？实际上 Unity 已经准备好了重力效果的组件。

下面添加这个组件。选取角色，并单击检视视图下方的"Add Component"按钮，如图 2-56 所示。

打开一个下拉菜单，在里面找到"Physics 2D"项目。选中后会打开二级菜单，接下来在里面找到"Rigidbody 2D"项目，如图 2-57 所示。

可以看到"Rigidbody 2D"已经添加好了。这就是能够给游戏物体增加重力效果的 Rigidbody 2D 组件。附加了 Rigidbody 2D 组件的游戏物体在游戏中的运动将会遵循相应的物理法则。

图 2-56

图 2-57

另外需要记住的是，在组件的左上角有一个三角形的按钮。通过单击它可以实现项目的展开 / 折叠，从而只显示名称。

Rigidbody 2D 组件包含的参数如图 2-58 所示。下面介绍其中常用的几个参数。

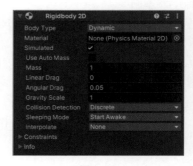

图 2-58

1. Body Type

有以下 3 项，可以改变下面的设定。

- Dynamic：受物理仿真的影响进行动作。
- Kinematic：不受重力和其他外力的影响。
- Static：不受任何物理仿真的影响。

▶ **名词解释：物理仿真**

通过计算机的计算，使得游戏中的物体能够实现和现实世界中同样逼真的运动，例如下坠和撞击。

2. Material

此参数可以设定决定物体材质的组件，可以用来设定与其他物体碰撞后反弹的效果和滑行的效果等。

参阅：4.5.4 节。

3. Simulated

通过选中该复选框可以使物理仿真有效。

4. Use Auto Mass

选中该复选框，将会通过设定好的碰撞体积（稍后会介绍碰撞体积的设定）的大小，来自动计算物体的质量。

5. Mass

设定物体的质量。选中"Use Auto Mass"的话，将无法设置该项。

6. Linear Drag

决定运动中的物体需要多长时间才能停下的数值。数值越大越难移动，也越容易停止。

7. Angular Drag

决定旋转中的物体能旋转多久的数值。数值越大越难旋转。

8. Gravity Scale

用于设置重力。设为 1 的时候，与地球表面的重力相同。

9. Collision Detection

用于设置碰撞检测的方法。

- Discrete：物体高速运动时，可能产生重叠和穿透的现象。
- Continuous：不会产生重叠和穿透的现象，只会和最初检测到碰撞的物体接触。

10. Sleeping Mode

为了减轻计算机的运算负荷，一定时间里没有运动的物体将处于休眠状态，不进行碰撞检测。可以用此项来设置休眠状态。

- Never Sleep：持续开启物理运算，可能会产生较大的运算负荷。
- Start Awake：游戏启动时解除休眠状态。
- Start Asleep：初始状态下不进行物理运算，发生碰撞后才开始物理运算。

11. Interpolate

用来选择物理运算更新时的动作插值。

- None：不做插值。
- Interpolate：根据前一帧进行动作插值。
- Extrapolate：根据后一帧进行动作插值。

12. Constraints

用来设定动作的限制。

- Freeze Position：限制 X 轴和 Y 轴上的动作。禁止纵向和横向的运动。
- Freeze Rotation：限制 Z 轴的动作。禁止旋转。

2.3.5　动作确认

在此状态下单击工具栏的启动按钮来启动游戏。

可以看到角色向画面下方坠落，如图 2-59 所示。现在终于在之前什么动作都没有的画面上增加了一点会动的东西了。

虽然角色最后坠落到了画面的下方了，但其实并没有消失不见。请看层级视图，Player 仍然存在。选中 Player，看一下检视视图中的 Transform。

可以看到 Position 的 Y 轴的负值逐渐增大。Y 轴的负方向是向下的。也就是说角色一直在向着下方不断坠落。

参阅：3.3 节的小贴士"坐标和向量"。

图 2-59

2.3.6　给游戏物体添加碰撞体积

游戏中可不能像这样一直坠落下去。为了让玩家角色能够站在地面上，需要添加碰撞体积。将地面图像调整到角色的正下方。选中地面的游戏物体，和先前一样，单击 Add Component 按钮，如图 2-60 所示。

图 2-60

依次选择"Physics 2D"→"Box Collider 2D"菜单，如图 2-61 所示。

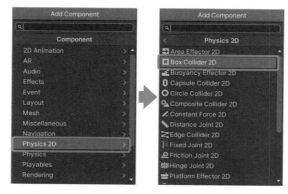

图 2-61

可以看到在检视视图中增加了 Box Collider 2D。Collider（碰撞体积）是用来给游戏物体增加物理碰撞以及产生碰撞检测的组件。Box Collider 2D 会给游戏物体附加四边形的箱型碰撞体积。

碰撞范围可以通过"Edit Collider"按钮来进行变更。单击按钮后表示碰撞范围的绿色边框上会出现四边形的抓手。通过拖动这些抓手可以调整碰撞的范围，如图 2-62 所示。

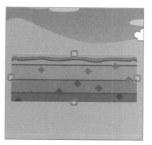

图 2-62

为了使坠落的角色能够停留在地面上，还需要对角色也增加同样的组件。将 Collider 附加到角色上去。在场景视图或者层级视图中选中"Player"，单击"Add Component"按钮，如图 2-63 所示。

依次选择"Physics 2D"→"Capsule Collider 2D"菜单，如图 2-64 所示。可以看到在检视视图中增加了 Capsule Collider 2D。

图 2-63   图 2-64

使用 Edit Collider 按钮调整碰撞范围，将其调整到角色的周围，如图 2-65 所示。Capsule Collider 2D 是圆角四边形的碰撞体积，很像一个胶囊的形状。因为没有锐角，所以不容易被卡住，很适合移动的角色。

图 2-65

读者有没有注意到还有其他的名为"××Collider 2D"的组件？这里也顺带介绍下 Box Collider 2D 和 Capsule Collider 2D 以外的 Collider。

顺便提一句，名称不带"2D"的 Collider 是 3D 游戏用的，无法应用于 2D 游戏。

◆ 1. Circle Collider 2D

用于附加圆形的碰撞体积。碰撞范围为以游戏物体的中心为圆心所画出的正圆形，如图 2-66 所示。属于比较轻量的碰撞体积，适用于子弹或是成群出现的敌方角色。

◆ 2. Edge Collider 2D

通过拉伸线条来形成的一种碰撞体积，适用于制作倾斜的坡道和凹凸不平的地面等形状比较复杂的碰撞体积，如图 2-67 所示。由于运算负荷比较高，不适合大量使用。

◆ 3. Polygon Collider 2D

覆盖图像不透明部分的多边形的碰撞体积，如图 2-68 所示。可以做出比较精确地覆盖整个图像的碰撞体积，只是运算负荷也会随之增大。

图 2-66

图 2-67

图 2-68

2.3.7　启动游戏

单击工具栏的启动按钮以启动游戏。这次坠落的角色停在地面上了吧。这就说明了角色和脚下的地面都已经增加了碰撞体积，如图 2-69 所示。

图 2-69

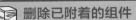

删除已附着的组件

要删除已附着的组件，可以单击各组件面板右上方的图标，选择"Remove Component"，如图 2-70 所示。

图 2-70

Chapter 3

第3章
编写脚本

小贴士

下载完整的数据

本章制作的项目的完整数据，可以通过网址 https://www.shoeisha.co.jp/book/download/3603/read 下载。

3.1 用脚本控制游戏物体

在 Unity 中把程序称为脚本，并使用 C# 编程语言来写脚本。

可以通过检视视图的"Add Component"来添加程序自带的组件，不过现在要添加的脚本是自己制作的，完成后可以将它作为一个组件附着到游戏物体上。

3.1.1 编写脚本文件（PlayerController）

在项目视图的左侧列表中选中 Player 文件夹。在该文件夹中新建脚本。

在项目视图的左上角，有个"+"按钮，单击它会打开一个下拉菜单，从中选择"C# Script"，如图 3-1 所示。

然后会看到在项目视图中生成了一个名为"NewBehaviourScript"的 C# 脚本。当前文件名处于可编辑状态，请将名称变更为"PlayerController"，如图 3-2 所示。这也将成为该脚本的文件名。

图 3-1　　　　　　　　　　　　　　　　　　图 3-2

在建立脚本的时候就应赋予脚本适当的名称。如果之后再进行名称变更的话，文件名和内部的名称将会不一致。

现在要编写的是用来控制玩家的脚本，将其命名为"PlayerController"。一般会根据脚本的功能来选取合适的名称。

前缀和后缀

经常使用前缀和后缀来明确定义脚本的功能。比如，对于游戏中可以控制的玩家角色，会在其前面添加单词"Player"。有时候也会进一步省略，将其变为3个字母的"PLY"或者2个字母的"PL"。只要看看名称的头部就知道是什么数据了。这就是前缀。

而后缀就是添加在名称后面的单词。比如表达控制属性，可以用"Controller"，表达管理属性，也可以用"Manager"。

制定前缀和后缀时并没有必须遵守的规范，但是随意起名会令人困惑。可以设定一个命名规则，方便理解。

3.1.2　将脚本附着上去

脚本也属于组件的一种，所以可以沿用之前将 Rigidbody 2D 和 Collider 2D 附着到游戏物体上去的方法，将其附着到游戏物体上去。

将脚本附着到游戏物体上的方法主要有两种。

◆ 1. 使用 Add Component 按钮

选中想要附着脚本的游戏物体，单击检视视图的"Add Component"按钮，然后选择"Scripts"，如图 3-3 所示。需要稍稍滚动菜单到下方才能找到"Scripts"。如此就会显示刚刚新建的脚本文件了。名称的左侧带有小图标的是刚刚新建的脚本。选中后即可将其附着上去。

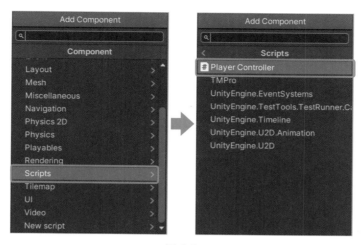

图 3-3

◆ **2. 通过拖放**

将项目视图中的脚本图标拖放到层级视图或场景视图的游戏物体上就可以实现附着。

此外在已选中游戏物体的前提下，将脚本图标拖放到检视视图中各个组件之间也可以达到同样的目的，如图 3-4 所示。

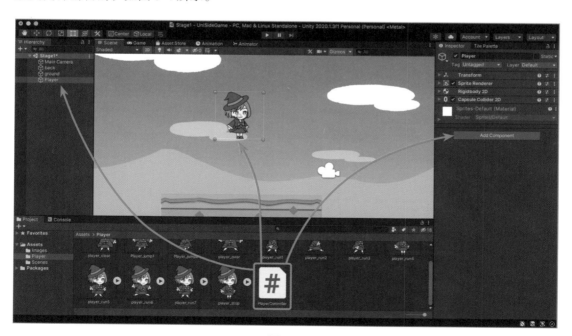

图 3-4

如何将脚本准确地附着到目标游戏物体上

随着游戏物体的增加和不断重叠，有可能会将脚本附着到错误的游戏物体上去。为了避免这种情况的发生，推荐使用拖放到层级视图或检视视图的方法，也可以使用"Add Component"按钮来实现附着。

选中附着了脚本的游戏物体后，会在检视视图中显示脚本的信息。

在这里显示的"Player Controller"，两个单词之间有一个空格，如图 3-5 所示。这是 Unity 编辑器出于可读性的目的自动添加的。如果将不同单词的首字母大写，其余字母都小写，那么 Unity 就会像这样自动插入空格。

图 3-5

3.1.3 观察脚本内容

接下来看看脚本文件的内容。双击项目视图中的"PlayerController"的 C# 图标，这会启动用来编辑脚本的 Visual Studio 编辑器，并显示 C# 程序代码，如图 3-6 所示。

```
1   using System.Collections;
2   using System.Collections.Generic;
3   using UnityEngine;
4
5   public class PlayerController : MonoBehaviour
6   {
7       // Start is called before the first frame update
8       void Start()
9       {
10
11      }
12
13      // Update is called once per frame
14      void Update()
15      {
16
17      }
18  }
19
```

图 3-6

新建的脚本中存在如下程序代码，但其本体仍然是空的。

```
using System.Collections;
using System.Collections.Generic;
using UnityEngine;

public class PlayerController : MonoBehaviour
{
    // Start is called before the first frame update
    void Start()
    {

    }

    // Update is called once per frame
    void Update()
    {

    }
}
```

3.1.4　设置 External Tools

如果双击"PlayerController"时 Visual Studio 未能启动，或者无法打开脚本文件，需要从菜单中选择"Preferences..."，打开"Preferences"窗口，如图 3-7 所示。

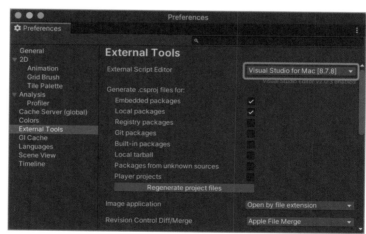

图 3-7

请检查其中的"External Tools"标签栏中的"External Script Editor"是否设置成了"Visual Studio"。这里是用来设置脚本编辑器的。当安装了新版本的 Unity 时，有可能会发生设置被清除的现象，需要用这个方法进行确认。

3.1.5　编写脚本，使用按键控制游戏物体

对于 Side View 游戏中的角色，需要使用计算机键盘的左右方向键来控制角色左右移动。脚本就是用来操作游戏角色的指令书。

下面是更新后的脚本。更新的部分高亮显示。像 "// Rigidbody 2D 类型的变量" 这样的，从 "//" 开始到换行为止的部分可以不用输入。之后会解释其作用。

```
using System.Collections;
using System.Collections.Generic;
using UnityEngine;

public class PlayerController : MonoBehaviour
{
    Rigidbody2D rbody;                // Rigidbody2D类型的变量
    float axisH = 0.0f;               //输入

    // Start is called before the first frame update
    void Start()
    {
        // 取得 Rigidbody2D
        rbody = this.GetComponent<Rigidbody2D>();
    }

    // Update is called once per frame
    void Update()
    {
        // 检查水平方向的输入
        axisH = Input.GetAxisRaw("Horizontal");
    }

    void FixedUpdate()
    {
        //更新速度
        rbody.velocity = new Vector2(axisH * 3.0f, rbody.velocity.y);
    }
}
```

编辑完成之后，选中角色附着的 Rigidbody 2D 组件 "Freeze Rotation" 的 "Z" 复选框，如图 3-8 所示。

由于选用了底边呈圆形的 Capsule Collider 2D 作为碰撞体积，所以游戏物体的左右两侧受到物理外力时很容易翻倒。通过选中这个复选框就可以防止这个问题发生。

现在对脚本进行保存（从"文件"菜单中选择"保存"），再回到 Unity 窗口启动游戏。

3.1.6 启动游戏

单击状态栏的启动按钮以启动游戏。

当按动右方向键的时候角色会向右方运动，如图 3-9 所示，当按动左方向键的时候角色会向左方运动。

图 3-8

图 3-9

如果动作不正确

当动作不正确时，请再次确认输入的脚本。注意是否存在大小写混淆、漏打行尾的分号、多打了不必要的空格等问题。

3.2 学习 C# 程序基础

3.2.1 了解类型和变量

变量是程序中进行计算和判断的最基本的元素。变量可以对数字和文字等赋值，它类似 "盒子"（见图 3-10）。盒子的内容即变量的内容是可以自由替换的。

图 3-10

```
int num1;
int num2;
num1 = 3;
num2 = 2;
int num3 = num1 + num2;
```

上述程序代码的第 1 行，int 是类型名，num1 是变量名。虽然变量名可以任意设定，但是决定变量作用的类型是确定的。

接下来是 "="（等号）。在算术和数学中，等号表示的是右侧的值与左侧的值相等这一含义，但是在大多数程序设计语言中等号用来表示将右侧的值赋予左侧。虽然从结果上来讲，右边和左边还是相同的值，但是在含义上有着细微的差别，需要细细体会。此外在行尾必须要有 "；"（分号）。

这里需要记住的是，在声明变量的时候需要遵循如下的写法。

```
int          num1;
（类型名）（变量名）
```

变量的命名规则

虽然变量名可以任意设定，但是实际上还是存在一些限制的。变量名不可以用数字作为开头。此外也不可以使用类似 "@" "#" "$" "%" "&" "*" "<" ">" "：" "；" "（" "）" "/" "+" "-" 这样的符号。在变量名中可以使用的符号，只有 "_"（下划线）。

编程初学者经常碰到的一个问题是不能够将字母的大写和小写作为不同的文字来看待。举例来说，num1（N 小写）和 Num1（N 大写）在程序中是作为不同的变量名来对待的。

主要的类型如下所述。

- int（整型）：表示整数的类型名。这里整数是指像 1、2、3、4 这样的用来计数的数字。
- float（浮点型）：表示像 3.14 和 1.4142 这样带有小数点的数字的类型名。在程序中通过像 3.14f 这样，在数字的末尾附加 "f" 来表示。
- string（字符串型）：表示文字的类型名。在 C# 语言中通过将文字用双引号括起来来表现。比如要在程序中用字符串来表示 "你好" 的时候，需要写成**"你好"**。
- bool（布尔型）：用 true（是）和 false（否）来表现的类型名，一般用于程序分支的条件判断等。

3.2.2 用运算符进行运算

程序中的运算包括加法、减法、乘法和除法等。加法使用键盘上的 "+" 号，减法使用键盘上的 "−" 号，乘法使用键盘上的 "*"（星号），除法使用键盘上的 "/"（斜杠）作为运算符。

- 加法：6 + 2。

- 减法：6 – 2。
- 乘法：6 * 2。
- 除法：6 / 2。

实际的使用方法在之后编写脚本的时候学习。

3.2.3　为脚本添加注释

以"//"开头的行称为"注释"。注释不对程序产生影响，是给阅读程序代码的人看的类似于注意事项的文字。

例如，3.1.5 节中程序的第 10 行是：

```
// Start is called before the first frame update
```

翻译成中文就是"Start 在最初的帧更新前调用"，这是对 **Start** 方法的说明。

注释常用于对方法和方法内的代码进行说明。注释不仅能用英文编写，也可以使用中文。当程序比较简短时，其内容也比较容易理解。但是当程序的行数不断增加时，程序就会变得越来越复杂，一眼看上去就不那么容易理解了。

此外，即使是自己写的代码，随着时间的流逝，自己也看不明白的情况时有发生。因此，请尽可能详尽地编写注释。

3.2.4　用方法（函数）进行处理

方法的作用是接受某个值，对其进行加工（处理）后返回结果值（见图 3-11），也称为函数或者 function，本书统一称为方法。

方法也有固定的编写规则。方法涉及返回值、方法名、参数和函数体这些概念。让我们来看一下之前在 PlayerController 中编写的 **Start** 方法，如图 3-12 所示。

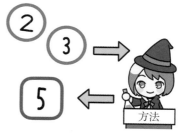

图 3-11

返回值的类型

方法名

参数。表明传递给方法的数据

```
void Start ()
{
    ....
}
```

方法的本体（复合语句）。用"{}"（花括号）括起来的范围

图 3-12

1. 返回值的类型

用于指定当方法做完了它的工作后返回结果的类型名。

Start 方法的返回值为 void。void 的意思是不返回任何值，也就是说 Start 方法的结果不返回任何值。

Start 方法也不存在接下来要讲到的参数，所以其圆括号 "（ ）" 中是空的。

2. 方法名

就像变量有名字一样，方法也有名字。在这里指定方法的名字。

3. 参数

参数就是方法在完成其工作的时候需要接受的输入值。参数写在方法名之后，由圆括号 "（ ）" 括起来。Start 方法没有参数，所以圆括号中是空的。如果存在参数的话，要像下面这样编写。

（类型值）

这种写法和变量的声明方法是一样的。当有两个以上参数时可用 "，"（逗号）进行分隔。

（类型值，类型值）

参数可以根据所需的数量添加。

4. 复合语句

参数的后面，用 "｛ ｝"（花括号）括起来的范围就是方法的范围。花括号括起来的范围叫作复合语句。复合语句在程序中是一个相对独立的部分。在其中可以编写所需要的程序代码。

别忘了关闭括号！

在编写脚本的时候，要注意别忘了关闭 "｛ ｝"（花括号）。用 "｛" 开始一个复合语句后必须用 "｝" 来结束它。同样的 "（ ）"（圆括号）也一样，用 "（" 开始后必须以 "）" 来结束。

5. 返回值

方法可以返回其结果，即返回值。

例如，写一个接受 2 个数字作为参数，同时返回 1 个数字的方法。

```
int AddCal(int num1, int num2)
{
    return num1 + num2;
}
```

这是一个叫作 **AddCal** 的方法，它的任务是将 2 个数字相加，并返回结果。**AddCal** 这个方法名是将 addition（加法）和 calculator（计算器）这两个单词各自的前 3 个字母取出来组合而成的。参数接受叫作 **num1** 和 **num2** 的两个整型值，将其相加后返回结果。

AddCal 的第 3 行显示了如何返回结果值。

```
return  值;
```

当返回值为 **void** 时不需要写 **return**，但如果在中间放上 **return;**，就会在那里终止处理从而将方法中断。使用方法的时候可以像下面这样编写代码。此时名为 **answer** 的 **int** 类型的变量就会被赋予 5 这个值。

```
int answer = AddCal(2, 3);
```

顺便说一句，使用方法也叫作调用方法。

3.2.5　使用类来囊括变量和方法

类是为某个特殊目的设计的变量和方法的集合。在 Unity 的脚本中，一个文件就是一个类。以 **PlayerController** 为例来看一下类的构成，如图 3-13 所示。

图 3-13

◆　**1.public**

行首带有 **public** 表明该类可以被项目中新建的所有脚本使用。带有 **public** 的类的内容向全体公开，可以被其他脚本使用。请记住用 Unity 写脚本的时候，一定要在类的前面写上 **public**。

方法和类中的变量都可以通过在前面加上 **public** 来使其可以被外部调用。对于 Unity 而言，**public** 是一个相当重要的关键字。之后也会碰到各种通过增加 **public** 来向项目全体公开的情况，请务必牢记。

◆ **2.class**

class 关键字声明了对类的描述。从类的声明直到最后，由 " **{ }** "（花括号）括起来的范围即为类的范围，如图 3-14 所示。

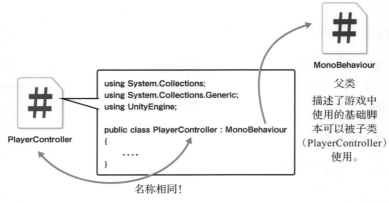

图 3-14

跟在 class 的后面的 PlayerController 是在新建脚本的时候赋予的名称，这也是该脚本中类的名称。请记住类名和脚本名是相同的。

" **:** "（冒号）后面的 MonoBehaviour 是该类的父类的名称。类中存在继承关系，父类中的脚本可以被子类直接使用。在 MonoBehaviour 类中描述了 Unity 游戏中使用的基础脚本。

3.3 阅读 PlayerController 脚本

```
using System.Collections;
using System.Collections.Generic;
using UnityEngine;
                                              — 类
public class PlayerController : MonoBehaviour
{
    Rigidbody2D rbody;              //Rigidbody2D 类型的变量
    float axisH = 0.0f;            // 输入              — 变量

    // Start is called before the first frame update
    void Start()
    {
        //取得 Rigidbody2D
        rbody = this.GetComponent<Rigidbody2D>();
    }
```

```
    // Update is called once per frame
    void Update()
    {
        // 检查水平方向的输入
        axisH = Input.GetAxisRaw("Horizontal");
    }

    void FixedUpdate()
    {
        // 更新速度
        rbody.velocity = new Vector2(axisH * 3.0f, rbody.velocity.y);
    }
}
```

方法

最初的 3 行声明了使用在 **using** 后面记载的程序的功能。

```
using System.Collections;
using System.Collections.Generic;
using UnityEngine;
```

通过 "**using ××××**",可以在代码开头声明本脚本将会用到的程序。后续基本上不会对它们进行修改。

3.3.1 理解和类相关的描述

◆ 1. 变量定义

首先出现的 **Rigidbody2D** 是让游戏物体遵循物理法则移动的组件。这里的 **Rigidbody2D** 是通过 **Rigidbody2D** 类来定义的。类也可以当作一种类型来使用。可以像下面这样进行声明。

```
Rigidbody2D    rbody;
（类型名）    （变量名）
```

绝大多数组件都是通过类来实现的,可以像这样作为类型被调用。**float** 类型的 **axisH** 变量是用来保存 **Update** 方法中输入键值的变量。

变量定义之后的内容是对方法的描述。**PlayerController** 类中一开始就存在下面两个方法。这两个方法是 Unity 的脚本中必须要有的特殊方法,用途如下所述。

◆ 2. **Start** 方法

当场景读入本类时会调用一次的方法。在执行类中的程序时,可以用 **Start** 方法进行各种准备工作。

在 **Start** 方法中,将 **Rigidbody2D** 的值赋给了先前定义的 **rbody** 变量。这是为了在程序中使用 Rigidbody2D 所自带的功能，而预先将 Rigidbody2D 赋给变量。

这里有一个 this. 的写法。它指的是类自身，也就是 PlayerController 类。"."（句点）的后面跟着 GetComponent 方法。这表示的是调用自身所带的 GetComponent 方法。在 C# 中，会像这样使用"."来表示某物中的某项。可是，在自身（PlayerController 脚本）之中，并没有定义 GetComponent 方法。这是通过第 3 行的"using UnityEngine;"来实现调用的。

此外，this. 也可以省略。这里是为了解释而特意写上了 this.，以后除非必要，否则一概省略 this. 的写法。

小贴士

取得游戏物体的组件的 GetComponent 方法

"="（等号）的右边是在调用 GetComponent 方法。GetComponent 方法通过尖括号括起来的类型名来指定所取得的组件。这里就相当于"取得 Rigidbody2D 组件"的指令。结果是，Rigidbody2D 组件被赋给了 rbody 变量。

GameObject obj = (游戏物体).GetComponent< 类型名 >();

这里的游戏物体是任意的。可以用此方法取得附着于该游戏物体上的任意组件。这里用的是"this."，因此是从自身取得。其实也可以指定其他的游戏物体。

GetComponent 方法是很常用的方法。请务必掌握。

◆ 3. Update 方法

游戏通过定期对画面进行微小的刷新来使画面看起来在动。这就是所谓的帧。

在 Unity 中，每一帧都会调用一次 Update 方法，如图 3-15 所示。将画面刷新和游戏操作相关的内容在 Update 方法中实现，就可以反映在游戏中了。

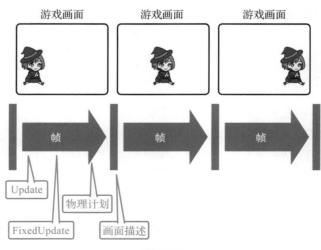

图 3-15

Update 方法并不一定是周期调用的

需要注意的是，Update 方法并不一定是周期调用的。根据游戏内部的处理，调用周期有可能会发生变化。之后介绍的 FixedUpdate 方法才是周期调用的方法。

现在暂且记住 Update 方法一帧调用一次的方法，用于进行游戏中必要的处理。

在 Update 方法中添加的那一行，是用来检测键盘的左右方向键有没有被按下的。Input 类是用来管理各种输入的类，Input 类也是通过 "using UnityEngine;" 来实现调用的。

通过调用 Input 类中的 GetAxisRaw 方法，可以对输入进行检测。这里通过字符串 "Horizontal" 来指定参数。Horizontal 在英语里是水平的意思，在这里用以指定左和右。

当按下右方向键时，GetAxisRaw 方法会返回 1.0f，而按下左方向键时，会返回 -1.0f，而什么都没有按下的话会返回 0.0f，如图 3-16 所示。

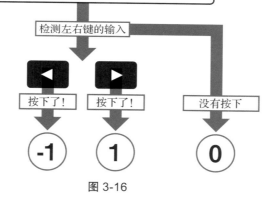

图 3-16

可以支持多种设备输入的 Input 类和 Input Manager

用 Unity 可以开发适用多种设备的游戏。每种游戏机都有自身独特的输入装置。对计算机而言就是鼠标和键盘，对专用游戏机而言就是手柄，对智能手机而言就是触摸屏。Input 类可以统一处理各种不同输入装置的输入，是十分方便的类。

比如，我们这里用到的 GetAxisRaw 方法，可以通过其参数的 "Horizontal" 字符串指定除了键盘的左右方向键以外的其他键位，如可以设定 A 键为左，D 键为右。

Input 类的输入和键位的对应关系是由 Input Manager 来管理的。从 "Edit" 菜单中选择 "Project Settings..."，打开 "Project Settings" 窗口。

选择 "Project Settings" 窗口的 "Input Manager" 选单，如图 3-17 所示，可以看到输入设置的列表，共有 30 项设置。单击最上方的 "Horizontal" 左侧的三角形按钮，如图 3-18 所示，打开下拉菜单。

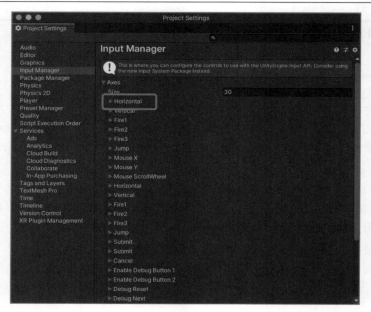

图 3-17

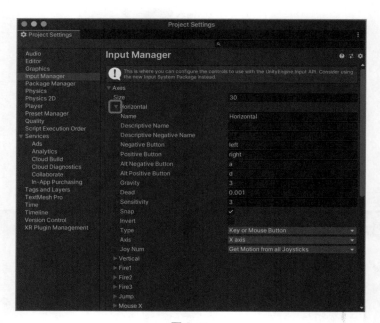

图 3-18

在"Negative Button"栏中显示了"left","Positive Button"栏中显示了"right"。此外在"Alt Negative Button"栏中显示了"a","Alt Positive Button"栏中显示了"d"。Positive 表示正方向即右方，Negative 表示负方向即左方。也就是对应计算机的左右方向键和 A 键与 D 键。

在"Type"栏中显示了"Key or Mouse Button","Axis"栏中显示了"X axis",这些项目是用来设置以键盘和鼠标的输入作为 X 轴的输入的。

在下面还有一个"Horizontal"项目。展开后可以看到,"Type"栏设置了"Joystick Axis","Axis"栏设置了"X axis",如图 3-19 所示。

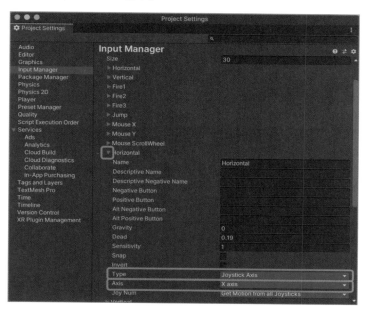

图 3-19

这是将游戏手柄的模拟摇杆作为 X 轴的输入所做的设置。也就是说如果将名称"Horizontal"作为参数来调用 **Input** 类的 **GetAxisRaw** 方法的话,就可以与计算机键盘和游戏手柄对应起来了。

其他还存在"Fire1"(攻击)、"Jump"(跳跃)等以游戏中抽象的动作名词作为输入的设定。这些输入可以通过后续将要说明的 **GetButtonDown** 方法来取得,如图 3-20 所示。

使用这些名称的话,接下来在脚本中进行操作设定的时候就无须考虑具体的键位设置了。也可以通过改写 Input Manager 的设定来更换对应的键位。

参阅:4.5.1 节的小贴士"Input 类的各种输入方法"。

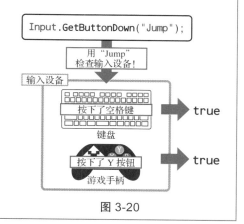

图 3-20

4. FixedUpdate 方法

下面介绍新增的 **FixedUpdate** 方法。**FixedUpdate** 这个方法在每一帧中,必定会以固定的间隔(Unity 的初始设置为 0.02s,即每秒 50 次)被调用。

物理仿真会在 **FixedUpdate** 方法之后进行处理。这是由于物理动作的计算必须遵循固定的间隔,否则动作会出现差错。因此物理类的处理需要添加到 **FixedUpdate** 方法中。

Rigidbody2D 类（**body** 变量）所带的 **velocity** 变量是反映该游戏物体当前移动速度的 **Vector2** 类型的变量。通过给这个变量赋值，可以对 **Rigidbody2D** 组件的速度进行操作。将 **x** 乘上 3，结果得到：

- 右：**3.0f**。
- 左：**−3.0f**。
- 未按下：**0.0f**。

右意味着会向右方以 3 的速度移动，左意味着会向左方以 3 的速度移动，未按下意味着速度为 0，也就是停在原地。

小贴士

区别使用 Update 方法和 FixedUpdate 方法

输入类的处理使用 **Update** 方法，涉及物理的移动等的处理使用 **FixedUpdate** 方法。

小贴士

坐标和向量

Vector2 方法可确定二维坐标（X 轴和 Y 轴）的值。**Vector2** 类型的变量可以使用 **Vector2** 方法来定义。这里出现的 **new** 关键字用来表明右侧的类的值是新建的。

Vector2 方法的定义如下。

Vector2 Vector2(float x, float y);
返回值   方法名   （参数1，参数2）

此方法的参数为 **float** 类型的 **x** 和 **y** 两个值，返回值为 **Vector2** 类型的值。这里的 **Vector2** 类型使用"向量"的形式来表示 X 轴和 Y 轴。

假设有一个 x 为 3，y 为 2 的向量，以图形来表示如图 3-21 的左图所示。这里箭头的指向就是物体运动的方向。本例中是向右上方运动。

箭头的长度表示速度的大小。x 和 y 的值越大，箭头的长度也越长，也就意味着速度值增大。

当 y 的值为 0 时，箭头就是水平指向右方的，如图 3-22 所示，这就意味着以 3 的速度向正右方前进。x 的负值表示向左方运动，y 的负值表示向下方运动。

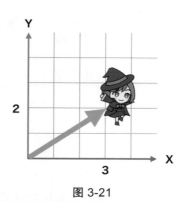

图 3-21

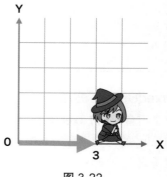

图 3-22

在先前设定移动速度的脚本中，x 值被乘上了 3，而 y 值则设定为"**rbody.velocity.y**"，也就是沿用当前的速度。这就意味着在 Y 轴方向上只受重力的影响。

3.3.2　用 Unity 编辑器改变参数

请根据下面的代码对脚本进行修改。高亮处为修改的地方。

```csharp
using System.Collections;
using System.Collections.Generic;
using UnityEngine;

public class PlayerController : MonoBehaviour
{
    Rigidbody2D rbody;              // Rigidbody2D 类型的变量
    float axisH = 0.0f;            // 输入
    public float speed = 3.0f;     // 移动速度

    // Start is called before the first frame update
    void Start()
    {
        // 取得 Rigidbody2D
        rbody = this.GetComponent<Rigidbody2D>();
    }

    // Update is called once per frame
    void Update()
    {
        // 检查水平方向的输入
        axisH = Input.GetAxisRaw("Horizontal");
        // 方向调整
        if (axisH > 0.0f)
        {
            // 向右移动
            Debug.Log("向右移动");
            transform.localScale = new Vector2(1, 1);
        }
        else if (axisH < 0.0f)
        {
            // 向左移动
            Debug.Log("向左移动");
            transform.localScale = new Vector2(-1, 1); // 左右翻转
        }
    }

    void FixedUpdate()
    {
        // 更新速度
```

```
        rbody.velocity = new Vector2(speed * axisH, rbody.velocity.y);
    }
}
```

用 **speed** 这个变量来定义移动速度的值 **3.0f**，名称的前面有 **public**。带有 **public** 关键字的元素会向全体公开。

现在返回到 Unity，选中角色的游戏对象，查看检视视图的 "Player Controller (Script)"，如图 3-23 所示。另外，注意在返回 Unity 前要保存脚本。

图 3-23

可以看到图 3-23 中增加了一个 Speed 的文本框，并显示了在脚本中设定的数值。

通过直接编辑这个值，可以不直接修改脚本来对速度进行更新。也就是说，类中带有 **public** 的变量，可以在后期通过 Unity 编辑器进行设置。

3.3.3 角色翻转

在 **Update** 方法中，当角色向左方移动时，我们对其进行了朝向的翻转。当输入键值为"左"时，对角色进行左右翻转。

当输入为"左"时（**axisH** 变量小于 **0.0f**），将 Transform 组件的 **localScale** 的 x 设为 **-1**，y 设为 1。反之，当输入为"右"时（**axisH** 变量大于 **0.0f**），将 x 设为 1，y 设为 1。

localScale 是设置缩放倍率的参数，当其设置为负值时，就可以达到翻转的效果。

3.3.4 使用 if 语句实现条件分支

这里出现的 "**if** { … }" 的写法，叫作 **if** 语句，即程序的条件分支。

if 语句需要像下面这样编写。使用 **true**（是 / 正确）或者 **false**（否 / 错误）的条件值来对处理进行分支。

```
if ( 条件 )
{
    条件成立时
}
else
{
    条件不成立时
}
```

if（条件）成立时，会进行 if（条件）{…} 的花括号中的处理；不成立时，则会进行 else {…} 中的处理。

像图 3-24 这样可以实现连续检查多个条件的效果。

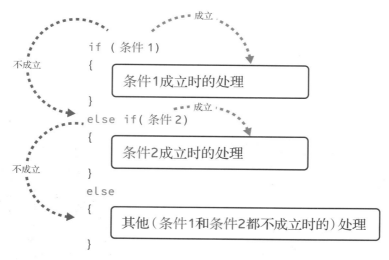

图 3-24

这里进行了 axisH 比 0.0f 大还是小的判断。在 axisH 变量和 0.0f 之间的 ">"，称为比较运算符。通过比较左右的值，来判断是 true（是）还是 false（否）。

比较运算符有下面几种类型。

- 值 1 == 值 2：值 1 和值 2 相等时为 true（是）。
- 值 1 != 值 2：值 1 和值 2 不相等时为 true（是）。
- 值 1 > 值 2：值 1 大于值 2 时为 true（是）。
- 值 1 >= 值 2：值 1 大于或者等于值 2 时为 true（是）。
- 值 1 < 值 2：值 1 小于值 2 时为 true（是）。
- 值 1 <= 值 2：值 1 小于或者等于值 2 时为 true（是）。

3.3.5　启动游戏

现在启动游戏。当游戏角色向左方向移动时，角色的朝向也是向左的，如图 3-25 所示。

图 3-25

 显示调试日志

Debug.Log 是将其参数的字符串输出到控制台的方法。

Debug.Log("向左移动");

在图 3-26 中的项目视图上方有个"Console"的标签栏。将显示切换到这个标签栏，则会显示 Debug.Log 输出的日志信息。

通过灵活运用这个日志显示，可以知道当前程序走到哪一步，正在进行哪项处理。

此外，Debug.Log 不仅能够输出字符串，还可以显示变量。

int a = 5;
Debug.Log("变量 a 的值 =" + a);

此日志的显示结果如图 3-27 所示。

图 3-26

图 3-27

尽量编写简洁的程序

有这样一句俗话："年轻的时候别怕吃苦。"不过在编写程序的时候，只有适当地放松才能成为优秀的程序员。

这里"放松"指的不是随便写写代码，而是尽量编写行数较少的简洁的程序。比起编写冗长的程序，短小精悍的程序写起来轻松多了。

在编程的时候，常常会有反复编写几乎一模一样的代码段的情况出现。初学编程的人常常会通过复制粘贴的方式，将同一段代码到处使用。这么做的话，看上去好像很轻松，实际上当程序逐渐变大变长的时候，一旦产生了程序缺陷，要通过调试找到错误的地方是非常困难的。

当需要复用某段程序的时候，应该设计专门用来进行这些处理的类或者方法，将这些处理完全交给它们。这样做的话，不管发生了什么，只需要研究这一个地方就很容易找到程序缺陷的根源。

第二部分

开发 Side View 游戏

在第二部分中，我们将沿用第一部分中制作的项目，继续介绍 Side View 游戏的开发方法。在第二部分的前半部分，我们会开发 Side View 游戏所必需的系统，在后半部分我们会用到能够使游戏变得更有乐趣的各种机关。

Chapter 4

第 4 章
开发 Side View 游戏的基础系统

简单地总结一下接下来要开发的游戏要素。

- 规则：目的是到达右侧的终点。
- 敌人和阻碍：掉到洞穴里游戏就失败。
- 干涉和变化：可以通过跳跃来越过洞穴。
- 奖励：越过洞穴到达终点。

4.1 什么是 Side View 游戏

在 Side View 游戏中玩家是从侧面的角度来观察游戏中的世界的，因此只存在左和右两个方向。在纵向上，为了表现高度，玩家可以进行跳跃。

本章将会开发的 Side View 游戏是一个通过左右移动玩家角色，使其从左到右抵达终点的游戏，名为 "Run & Jump"。到达终点后，画面会显示终点的 UI。

4.1.1 思考要用到的游戏物体和脚本

在做 Side View 游戏之前，先列举一下带有下述功能的游戏物体及相关的脚本。

◆ 1. 玩家角色

由玩家操纵的游戏角色。可以进行左右移动和跳跃，如图 4-1 所示。在移动和跳跃中，会附加相应的动画效果。

◆ 2. 地面和障碍物

地面是用以承载玩家，支持其在上面移动的，障碍物则是玩家可以跳上去的踏台，如

图 4-2 所示。在前面的章节中已经做好了地面，接下来会制作其他形状的障碍物。

图 4-1　　　　　　　　　　　　　图 4-2

◆ 3. 终点和游戏失败

在游戏关卡的右端设置作为目标的游戏物体，并制作只要触碰到后就通关的机制。此外还要制作掉到地面之下就算游戏失败的机制，如图 4-3 所示。

◆ 4. 状态表示和重新开始

游戏开始、游戏失败、游戏通关的时候需要有图像显示。游戏失败的时候，需要有能够重新开始游戏（restart），从头开始玩的机制，如图 4-4 所示。

图 4-3　　　　　　　　　　　　　图 4-4

4.2　启动游戏示例

4.2.1　将项目添加到 Unity Hub

从 https://www.shoeisha.co.jp/book/download/3600/read 下载 Side View 游戏 "JEWELRY HUNTER" 的项目示例。下载后，解压文件包。

下载后，用 Unity 打开项目示例。不要选新项目，想要用 Unity 打开既有项目时，应该单击 Unity Hub 项目标签栏中的"打开"按钮，如图 4-5 所示。

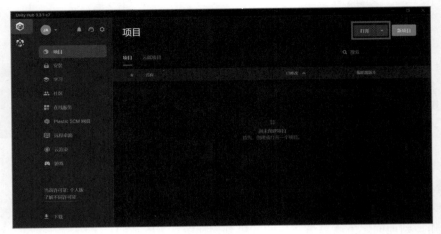

图 4-5

选中"JewelryHunter"项目文件夹，单击右下角的"打开"按钮。这样，项目就添加到了 Unity Hub 的项目列表中了，如图 4-6 所示。

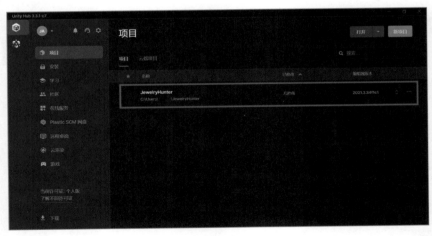

图 4-6

添加完成后，以后就可以通过单击这个列表来打开项目了。另外如果之后将项目文件夹移动到其他地方的话，就无法打开了，还请注意。

4.2.2 确认游戏示例

打开项目后，首先让我们确认一下本章将要开发的横版游戏的示例。打开 Scenes 文件夹中的"Title"场景，单击工具栏的启动（START）按钮以启动游戏。

游戏启动后，首先显示的是标题界面。

单击图4-7中的"START"按钮，游戏就开始了。"JEWELRY HUNTER"是以收集宝石来决定得分的 Side View 类型的跳跃动作游戏。

游戏开始后，会在画面的中央位置显示"GAME START"字样，持续 1s，如图4-8所示。

图 4-7

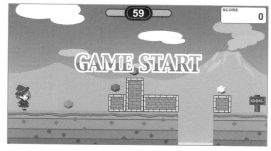

图 4-8

在游戏过程中，画面中央上方会显示一个倒计时时钟，同时在画面的右上方会显示得分板，如图4-9所示。倒计时时钟从 60s 开始倒计时。

获取关卡中设置的宝石，将其转换为得分，右上角的数字会随之不断增大，如图4-10所示。

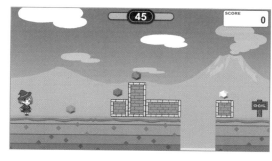

图 4-9

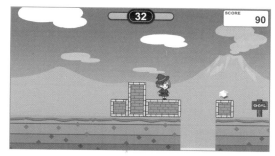

图 4-10

到达画面右端的终点后本关就通关了。单击"NEXT"按钮后进入下一关，如图4-11所示。

掉到画面范围外，或者倒计时时钟数到 0 的时候游戏就失败了。单击"RESTART"按钮，可以从最初开始重新挑战本关，如图4-12所示。

通关了数个关卡后，会显示结果画面，提示总得分，游戏结束，如图4-13所示。

单击"返回标题界面"后，就会返回最初的标题界面。

图 4-11

图 4-12

图 4-13

接下来就让我们开始制作带有与此示例相同游戏系统的 Side View 游戏，接着第一部分继续下去。如果下载的项目示例还开着的话请将其关闭，然后打开我们在第一部分中做到一半的项目。

下载完成的数据

本章做成的项目的完整数据，可以通过网址 https://www.shoeisha.co.jp/book/download/3604/read 下载。

4.3 制作游戏关卡

到第 3 章为止，我们应该已经做到了如下的状态。如果没有达到如下状态的话还请回到第 2 章和第 3 章再次确认。

4.3.1 到第 3 章为止的回顾

◆ 1. 场景

以"Stage1"为名的游戏画面的场景，保存在 Assets/Scenes 文件夹中。

◆ **2. 背景**

以"back"为名的图像，作为背景配置在场景的中央。

◆ **3. 地面**

以"ground"为名的图像，作为地面配置在场景中。Sprite Renderer 组件的"Order in Layer"设置为 2。还需要确认已经添加了 Box Collider 2D 组件。

◆ **4. 玩家角色**

以"player_stop"为名的角色图像，配置在场景中。需要确认 Rigidbody 2D 组件已经附着在上面，并且"Freeze Rotation Z"已被选中。

Sprite Renderer 组件的"Order in Layer"设置为 3，还需要确认已经添加了 Capsule Collider 2D 组件和 Player Controller (Script)，如图 4-14 所示。

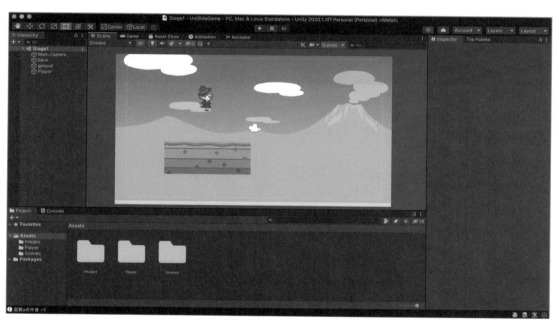

图 4-14

4.3.2　制作地面障碍物

因为地面已经做好了，接下来开始制作可以作为跳跃时的踏台的地面障碍物。

我们事先准备了 3 种不同形状的地面障碍物图像，如图 4-15 所示。将这 3 种图像通过拖放配置到场景中。暂时可以放到场景视图的任意位置。

做法和地面是一样的。分别对其进行下述的设置，附着相应的组件。

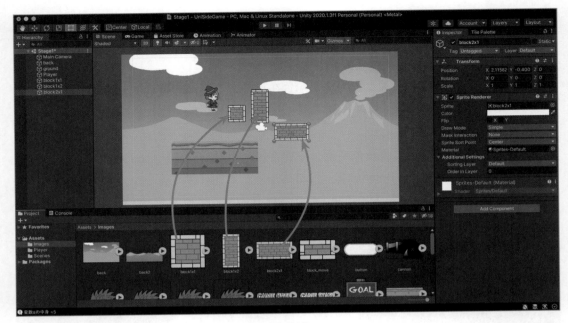

图 4-15

- Sprite Renderer 组件，将"Order in Layer"设置为 2。

参阅：2.2.6 节。

- 碰撞体积，添加 Box Collider 2D 组件。

参阅：2.3.6 节。

4.3.3 游戏物体的分组机制

Unity 里有几个对游戏物体进行区分的机制。这里将地面和障碍物分为一组，赋予其"玩家可以站立的地方"这个特性。

进行分组的理由是，当玩家跳跃的时候，必须要满足在地面上才能起跳这个条件。

使用称为层（Layer）的机制，用来将游戏物体分组处理。将地面和障碍物分进名为"Ground"的组别，并设定只有当玩家角色与地面层接触的时候才能起跳。

选中地面（或者障碍物），可以看到位于检视视图右上方的"Layer"下拉菜单。点开后可以发现事先准备好的几种层。接下来要在这里增加一个名为"Ground"的层。选择"Add Layer..."，如图 4-16 所示。

可以看到检视视图的显示发生了变化，显示了现在已经登录的层。从 Layer 0 到 Layer 7 已经被 Unity 占用了，所以我们需要在 Layer 8 栏输入"Ground"，如图 4-17 所示。

再选择一次游戏物体，从下拉菜单中选择新加的 Ground，如图 4-18 所示。

图 4-16   图 4-17

图 4-18

接下来对地面和所有的障碍物进行同样的操作，设定为 Ground 层。

4.3.4　设置终点

接下来设置终点。将终点图像拖放到场景视图中，如图 4-19 所示。

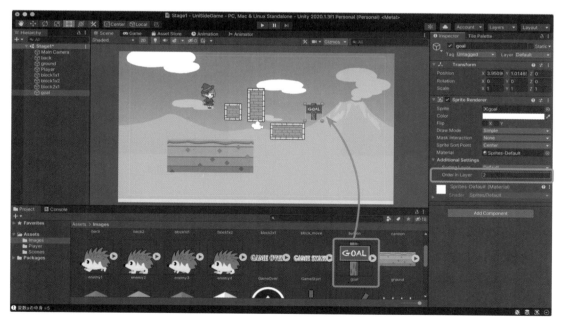

图 4-19

将 Sprite Renderer 中的"Order in Layer"设置为 2，也就是和地面同样的优先级。

由于玩家角色的"Order in Layer"设置为 3，因此地面和终点会始终显示在玩家角色的下面（后面）。

4.3.5 设置终点判定

为了进行触碰到终点的判定，需要附着 Box Collider
2D 组件，并选中"Is Trigger"选项，如图 4-20 所示。

添加碰撞体积是为了让游戏物体之间产生物理接触。
这里由于选中了"Is Trigger"，所以并不会发生物理碰撞，
而是会直接穿过去。但是可以通过脚本获取碰撞这个事件，
可以以此来做终点判定。

之后将会通过编写脚本来进行实际的终点判定。

图 4-20

◆ 区分游戏物体的手段（标签）

我们使用标签（Tag）来获知玩家是否触碰到了终点。刚才使用的层是将游戏物体进行
分组的机制，而标签则是为游戏物体添加文字来进行区分的机制。

首先选中场景视图中的"goal"，可以看到在检视视图中有一个叫作"Tag"的下拉菜
单。点选这个下拉菜单，可以看到有"Respawn"和"Finish"等好几个标签。

现在不使用这些标签，而是新建一个标签。可以通过选择最下方的"Add Tag..."来任
意增加标签，如图 4-21 所示。

可以看到检视视图的显示发生了变化，最上方有一个名为"Tags"的菜单。可以通过
单击其下方的"+"按钮来打开标签的新建视图，如图 4-22 所示。

图 4-21

图 4-22

输入新增的标签名，单击"Save"按钮保存。这里增加的是用于终点的名为"Goal"
的标签，如图 4-23 所示。

最后将终点用的游戏物体的标签设定为刚刚新建的 Goal 标签，如图 4-24 所示。

图 4-23

图 4-24

4.4 预制游戏物体

到此为止，已经做好了地面的游戏物体。

接下来需要通过大量制作并排列这个地面，来做出游戏的"地形"。然而，每做一个地面都需要重复上述过程，这样就太费事了。

Unity 有一个称为预制（Prefab）的方便的功能，专门用于复制游戏物体。

4.4.1 新建预制

在层级视图中选中打算预制的游戏物体，将其拖放到项目视图中就可以了。

这样，在项目视图中就会出现一个图标，其周围背景是深灰色的。这就是预制。同时层级视图中的游戏物体会变成蓝色的图标。用预制做出来的游戏物体的图标，在层级视图上是以蓝色来表示的，如图 4-25 所示。

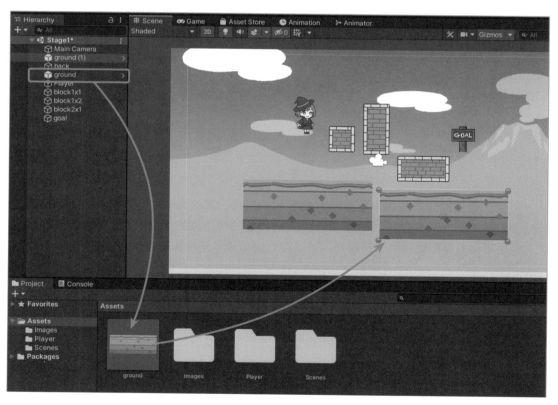

图 4-25

现在，将地面和所有的障碍物以及终点，用同样的方法来做预制。

接下来通过拖放，将项目视图中的预制图标配置到场景视图中去。观察配置好的游戏物体的检视视图，可以看到都已经附着了 Box Collider 2D。以后就可以通过配置项目视图中的预制图标，来简单地制作游戏物体了。

◆ 预制与"复制的游戏物体"的区别

已经把障碍物配置到了几十个场景中，这时需要更改图像、碰撞体积的范围、尺寸大小等组件，应该怎么做？

如果复制了 10 个游戏物体，那么就需要对着 10 个游戏物体进行同样的更改。而如果使用了预制的话，那么只需要对项目视图中的单一数据进行更改，就可对场景中配置的所有游戏物体应用同样的变更了，如图 4-26 所示。

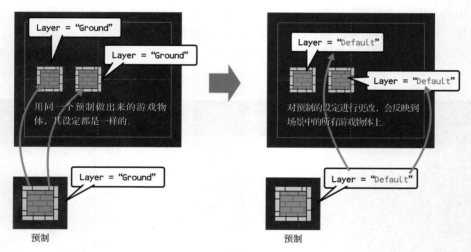

图 4-26

但是，如果改变了场景中配置的游戏物体的组件，那么即使更改了原来的预制，该组件的值也是不会发生变化的。也就是说，虽然预制的初始值都会反映到所有配置好的物体上，但是不会覆盖掉做过的个别改变。因此可以简单地实现全体更改或者个别定制。

4.4.2 编辑预制

要编辑从层级视图中通过拖放生成的预制，可以双击项目视图中的预制图标。也可以单击层级视图中显示的游戏物体右侧的"＞"按钮。此时层级视图会切换为预制的编辑界面，如图 4-27 所示。

在检视视图中会显示该预制的组件，可以自由编辑。编辑完成后，单击层级视图左上角的返回（"＜"）按钮，就可以返回原来的画面。

为了对预制进行管理，新建 Prefab 文件夹，将新建的预制放入这个文件夹中。以后新建的预制都要放在这个文件夹里，如图 4-28 所示。

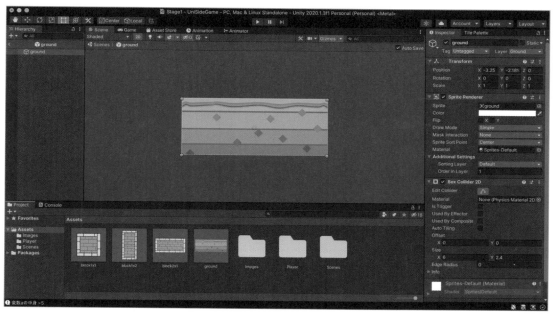

图 4-27

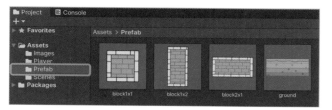

图 4-28

4.4.3　通过配置预制来生成地面

　　现在我们使用地面和障碍物的预制来配置地面。

　　将平坦的地面从游戏画面的左端铺到右端，在正中央附近还需要挖一个没有地面的洞穴，这个洞穴是对玩家的阻碍，如图 4-29 所示。

　　然后将角色配置到画面的左端。

　　下面介绍的功能能使游戏物体整齐排列。

图 4-29

首先，将一个游戏物体放到左侧下方，如图 4-30 所示。

放好后，在其右侧再放置一个游戏物体。具体位置不用过于纠结。然后选中新放置的游戏物体，将鼠标移到该障碍物的上方，如图 4-31 所示。

不要单击鼠标键，直接按下键盘上的 V 键。在此状态下移动鼠标，可以看到随着鼠标指针的移动，被选中的游戏物体的四角或中央会出现一个蓝点。

在此状态下移动游戏物体看看。蓝点好像会被邻近游戏物体的角落吸附住一样。用这种方法来配置游戏物体的话，就可以完美地整齐排列了，如图 4-32 所示。

 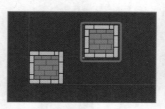 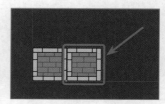

图 4-30 　　　　　　　　　　　图 4-31 　　　　　　　　　　　图 4-32

4.4.4　制作看不见的碰撞体积

为了不让玩家角色从画面的两端掉下去，需要造一堵看不见的墙，也即碰撞体积。首先需要做一个空游戏物体，以便在其上附着碰撞体积。单击层级视图左上角的"＋"按钮，选择"Create Empty"，如图 4-33 所示。

可以看到在场景视图中增加了一个游戏物体。我们将其命名为"WallObject"，如图 4-34 所示。这是用于设置空气墙碰撞体积的游戏物体，可以任意起一个易于识别的名字。

可以看到这个游戏物体的检视视图，它只附着了包含设定位置、旋转、缩放比例等用途的 Transform 组件的游戏物体，如图 4-35 所示。

图 4-33 　　　　　　　　　　　图 4-34 　　　　　　　　　　　图 4-35

以后会经常用到像这样的仅仅附着了 Transform 的游戏物体。请牢记制作方法。

将两个 Box Collider 2D 附着到这个游戏物体上去。附着完成后，将其调整成如图 4-36 所示的形状。

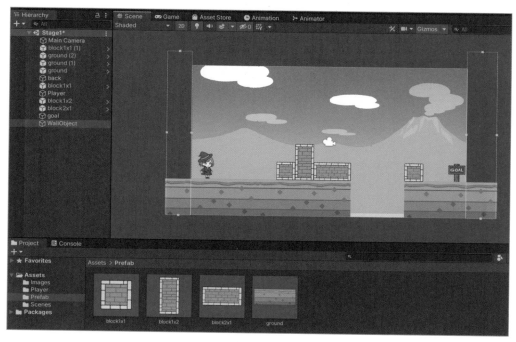

图 4-36

4.4.5　启动游戏

做到这一步后，让我们启动游戏看一下动作。角色应该会无法通过画面的两端，也就不会掉下去了。

4.4.6　制作游戏失败的碰撞体积

接下来制作游戏失败的机制。目前的状态是当角色掉进洞穴后就无法返回，游戏也就无法继续进行下去了。制作一个带有"Dead"标签的游戏物体，当角色触碰到之后就会游戏失败。

和前面一样，从"Create"菜单中选择"Create Empty"，增加一个空游戏物体，并将其改名为"DeadObject"，如图 4-37 所示。

图 4-37

将 Box Collider 2D 附着到 DeadObject 上去，并调整为图 4-38 的形状。

和终点一样，这是触发事件用的碰撞体积，因此需要选中 Box Collider 2D 组件的"In Trigger"选项。

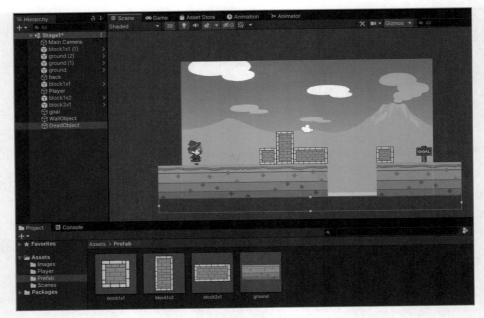

图 4-38

◆ 用于游戏失败的标签设定

接下来为其增加"Dead"标签。单击"+"按钮并添加"Dead"标签（见图 4-39），为 DeadObject 设置"Dead"标签（见图 4-40）。

图 4-39

图 4-40

参阅：4.3.5 节"区分游戏物体的手段（标签）"。

到此为止已经做好了判定用的机制。到达终点后以及游戏结束时的游戏流程，会在后面再制作。

 ## 4.5 制作玩家角色

前面已经做好了游戏关卡。接下来开始详细制作游戏角色。在第一部分中，已经做好了可以用计算机的左右方向键来移动角色的状态。

4.5.1 设置"Player"标签

为了在场景中区分玩家角色，需要为其设置"Player"标签。"Player"标签是软件本身提供的，在层级视图中选择 Player 游戏物体，为其设置"Player"标签，如图 4-41 所示。

图 4-41

4.5.2 实现跳跃

这里使用计算机的空格键来使角色跳起来。

将能够使玩家角色跳起来的脚本添加到 PlayerController 中。下面是脚本的内容。更改的部分高亮显示。

```
using System.Collections;
using System.Collections.Generic;
using UnityEngine;

public class PlayerController : MonoBehaviour
{
    Rigidbody2D rbody;              // Rigidbody2D 类型的变量
    float axisH = 0.0f;            // 输入
    public float speed = 3.0f;     // 移动速度

    public float jump = 9.0f;          // 跳跃力
    public LayerMask groundLayer;      // 可以落脚的层
    bool goJump = false;               // 跳跃开始的旗标
    bool onGround = false;             // 立于地面的旗标

    // Start is called before the first frame update
    void Start()
    {
        // 取得 Rigidbody2D
        rbody = this.GetComponent<Rigidbody2D>();
    }

    // Update is called once per frame
    void Update()
    {
        // 检查水平方向的输入
        axisH = Input.GetAxisRaw("Horizontal");
        // 方向调整
        if (axisH > 0.0f)
        {
            // 向右移动
            Debug.Log("向右移动");
            transform.localScale = new Vector2(1, 1);
        }
```

```
        else if (axisH < 0.0f)
        {
            // 向左移动
            Debug.Log(" 向左移动 ");
            transform.localScale = new Vector2(-1, 1); // 左右翻转
        }

        // 使角色跳起来
        if (Input.GetButtonDown("Jump"))
        {
            Jump(); // 跳跃!
        }
    }

    void FixedUpdate()
    {
        // 地面判定
        onGround = Physics2D.Linecast(transform.position,
                                      transform.position - (transform.up * 0.1f),
                                      groundLayer);
        if (onGround || axisH != 0)
        {
            // 在地面上或速度不为 0
            // 更新速度
            rbody.velocity = new Vector2(speed * axisH, rbody.velocity.y);
        }
        if (onGround && goJump)
        {
            // 在地面上的时候按下了跳跃键
            // 跳起来
            Debug.Log(" 跳跃!");
            Vector2 jumpPw = new Vector2(0, jump);         // 新建用于跳跃的向量
            rbody.AddForce(jumpPw, ForceMode2D.Impulse); // 施加瞬间的力
            goJump = false; // 取下跳跃旗标
        }
    }
    // 跳跃
    public void Jump()
    {
        goJump = true;   // 竖起跳跃旗标
        Debug.Log(" 按下了跳跃键!");
    }
}
```

接下来看一下该脚本的内容。

◆ 1. 变量

新代码增加了 4 个变量。float 类型的 jump 变量是用来设定跳跃力的。接下来在做跳跃处理的时候会用到。在变量的 float 的前面加上 public 从而能够在 Unity 编辑器中修改它。

groundLayer 是用来设定先前对地面增加的 Ground 层的。层用 LayerMask 类型表示。在 LayerMask 的前面加上 public，从而能够在 Unity 编辑器中修改它。

参阅：4.3.3 节。

goJump 是用来保存按下跳跃键（空格键）的状态的旗标。

onGround 是用来表示角色接触到地面状态的旗标。只有当 goJump 和 onGround 都为 true 的时候才能跳跃。

◆ 2. Update 方法

在 Update 方法中增加了跳跃的条件。这里不需要条件不成立的情况，因此没有用到 else {…}。

```
// 像这样，如果不需要else的话，else是可以省略的。使角色跳起来
if (Input.GetButtonDown("Jump"))
```

if 语句中用到了 Input 类的 GetButtonDown 方法。Input 类是用于处理输入的类。GetButtonDown 是用于判定指定按键是否被按下的方法，返回值为 bool 类型。

参数我们使用了字符串类型的 Jump。Unity 的标准是使用键盘的空格键作为跳跃键。这里的处理流程是：当按下了空格键时，会调用 Jump 方法，在该方法中给 goJump 变量赋值为 true。

参阅：3.3.1 节的小贴士"可以支持多种设备输入的 Input 类和 Input Manager"。

Input 类的各种输入方法

Input 类还有其他各种用于处理输入的方法。这里介绍几种。

● GetKeyDown／GetKey／GetKeyUp。

```
bool down = Input.GetKeyDown(KeyCode.Space);
bool press = Input.GetKey(KeyCode.Space);
bool up = Input.GetKeyUp(KeyCode.Space);
```

GetKey 系列的方法有 3 种。获取 KeyCode 类型的参数，并检测参数指定的键盘按键是否被按下／按住／松开。本次的例子是当空格键被按下时，返回 true。

● GetMouseButtonDown／GetMouseButton／GetMouseButtonUp。

```
bool down = Input.GetMouseButtonDown(0);
bool press = Input.GetMouseButton(0);
bool up = Input.GetMouseButtonUp(0);
```

GetMouseButton 系列的方法有 3 种。和之前 GetKey 系列的方法类似，检测鼠标键是否被按下／按住／松开。参数可以是 0/1/2 的数值，分别代表左键／右键／中键（滚轮）。GetMouseButton 也可以对应智能手机的触摸屏。

● GetButtonDown／GetButton／GetButtonUp。

```
bool down = Input.GetButtonDown("Jump");
bool press = Input.GetButton("Jump");
bool up = Input.GetButtonUp("Jump");
```

GetButton 系列的方法也有 3 种。本方法可以用来检测各种输入设备的按钮是否被按下 / 按住 / 松开。参数是字符串，是通过 Input Manager 指定的。通过 Input Manager 来指定'空格键对应的跳跃'动作，从而映射具体的按钮。通过重复设置如 Jump 这样名称的多个设定，可以将多种不同的按钮映射到游戏中的跳跃键上去。

参阅：3.3.1 节的小贴士"可以支持多种设备输入的 Input 类和 Input Manager"。

●GetAxis ／ GetAxisRaw。

```
float axisH = Input.GetAxis("Horizontal");
float axisV = Input.GetAxisRaw("Vertical");
```

GetAxis 系列有两种方法。本方法取得多种输入设备的虚拟的轴输入。对应于计算机就是方向键，对应于游戏手柄就是模拟摇杆。参数是字符串，是通过 Input Manager 指定的。

GetAxis 和 GetAxisRaw 的区别在于，返回值是否进行了插值处理。GetAxisRaw 方法的返回值只有 −1、0、1 这三种，而 GetAxis 方法的返回值是 −1 ~ 1 的连续值。这样，在使用游戏手柄的模拟摇杆的时候，就可以通过模拟摇杆的倾斜程度来表现速度的变化。对于键盘，则是在一定的时间里逐渐变化数值。

3. Jump 方法

Jump 方法仅仅将 goJump 旗标设定为了 true。通过附加 public，使得从外部也可以调用它。这是为了之后能够对应触摸屏的操作。

4. FixedUpdate 方法

在 FixedUpdate 方法中，首先使用 Physics2D 组件（也是一个类）的 Linecast 方法，来判断是否接触到了由 groundLayer 变量所设定的层。

小贴士

检测是否与层接触的 Linecast 方法。

Linecast 方法是检查连接特定的两个点的直线是否与游戏物体相接触的方法，返回值是 bool 类型的 true 和 false。第一参数是起始点，第二参数是终点，第三参数指定了对象的层。

在这里指定游戏物体（玩家角色）的当前位置为起始点，用以下代码来指定终点：

transform.position − (transform.up * 0.1f)

transform.up 是一个向量，即（X = 0，Y = 1，Z = 0）。代码的含义是在 Y 轴方向上下降 0.1 的位置。

角色的基准点为脚底，因此直线就如图 4-42 所示，从角色的脚底笔直向下延伸 0.1。当这条直线触碰到了由第三参数指定的层，onGround 即为 true，否则即为 false。

图 4-42

接下来通过 if 语句来设定速度更新的条件。

在跳跃过程中按下左右方向键，可以在空中进行左右移动。但是当腾空时如果松开左右方向键，就会从当前位置笔直坠落。这是因由于左右移动方向键的输入值为 0，因此横向的速度就变成了 0。

为了避免这种情况，速度更新的条件需要加上"在地面上，或者输入不为0"，如图4-43所示。

旧条件

由于存在按键输入（axisH不为0），因此对横向的速度进行更新。

当不存在按键输入时（axisH为0），横向的速度为0，笔直坠落。

新条件

由于存在按键输入（axisH不为0），因此对横向的速度进行更新。

当不存在按键输入时（axisH为0），故意不进行横向速度的更新，而是将其完全交给物理仿真，因此会继续横向移动。

图 4-43

通过附加这个条件，当腾空时且无按键输入时，不根据输入进行速度更新（不会因为无输入而速度为0），这样也就不会笔直下坠了。

if 语句可以同时进行多个判断。并排两个"丨"（竖线）的运算符的意思是左右两边的条件满足任意一个为 **true**，最终结果即为 **true**。主要的逻辑运算符有以下几种。

- **&&**：并列两个 **&**（and）。所有条件皆为 **true**，最终结果才为 **true**。
- **丨丨**：并列两个 **丨**（竖线）。任意一个条件为 **true**，最终结果即为 **true**。

这里作为起跳的条件，检查 **onGround** 和 **goJump** 两个变量，当两者皆为 **true** 时才进行跳跃处理。

为了使角色跳跃，调用了 **Rigidbody** 类的 **AddForce** 方法。**AddForce** 方法是为附着了 Rigidbody 2D 组件的游戏物体施加力的方法。受力的游戏物体会遵循物理法则进行运动。这里用向量来表示力。

这里向上施加了 **9.0f**（**jump** 变量的值）的力，也就是向正上方起跳。然后通过 **AddForce** 的第二参数来指定施加怎样的力。**ForceMode2D.Impulse** 指定的是施加瞬时的力。

4.5.3 对层进行设定

做到这里，返回 Unity 编辑器以进行参数设定。由于将 **groundLayer** 变量定义为了 **public**，因此可以在 Player Controller (Script) 中找到名为 "Ground Layer" 的下拉菜单。这里选择 "Ground"，如图 4-44 所示。

图 4-44

4.5.4　调整跳跃动作（增加 Physics Material 2D）

　　这样玩家角色就实现了跳跃。但是还存在一个问题：当跳起来的时候，在按着左右方向键的状态下与墙壁或障碍物接触，玩家会吸附在墙壁上而不落下来，如图 4-45 所示。

　　这是因为角色和障碍物之间产生了摩擦力的关系。只要将摩擦力设为 0 就不会再吸附在上面了。

　　接下来对 Capsule Collider 2D 进行材质设定。

　　单击项目视图左上角的"＋"按钮（见图 4-46），找到并选择 Physics Material 2D。这是用来调整物体的物理特性的参数。

图 4-45　　　　　　　　　　　　　　　　　　　　　　图 4-46

　　如此，会看到在项目视图中多了一个图标。选中该图标，看一下检视视图。其中有一个叫作"Friction"项目，它是用 0 ～ 1.0 之间的数值来表示物体间的摩擦系数的。这里将值设为 0，如图 4-47 所示。

图 4-47

▶名词解释：摩擦系数

　　用 0 ～ 1.0 的小数来表示物体滑动的困难程度的数值。1.0 表示与其他物体接触的时候完全不会滑动，0 表示与其他物体接触的时候能够平滑地滑动。

将"Friction"设为 0 以后，选中玩家角色，将 Physics Material 2D 从项目视图中拖放到 Capsule Collider 2D 的 Material 上就可以了。将此材质数据保存在 Player 文件夹中，如图 4-48 所示。

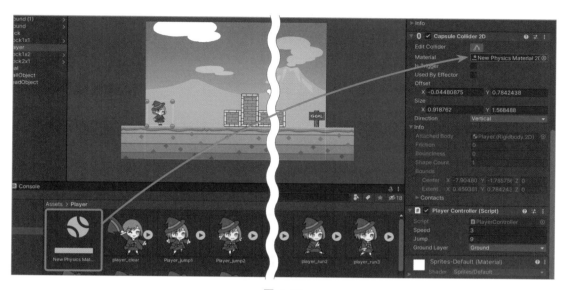

图 4-48

 **调整跳跃的动作**

如果跳跃的动作感觉有点轻飘飘的话，可以试着调整下 Rigidbody 2D 的"Gravity Scale"。

"Gravity Scale"是施加到游戏物体上的重力的数值。"1"代表地球上的重力。当数值超过 1 时重力就会增大，从而抑制跳跃力；当数值低于 1 时重力会减小，从而增强跳跃力。设为 0 就是无重力状态。

在游戏示例中，将"Gravity Scale"的值调整为 1.5。

4.5.5 制作玩家角色的动画效果

接下来为角色增加动画效果。通过依次显示 7 张图片来实现角色移动中的动画效果。

动画效果是通过 Unity 的 Mecanim 功能制作出来的。为了呈现动画效果，需要制作下面 4 种数据来使用 Mecanim。

◆ 1. 精灵（Sprite）

用于动画效果的图像数据称为精灵。在 Unity 中有用于显示图像的 Sprite Renderer 组件。Sprite Renderer 组件就是用精灵数据来显示图像的。

◆ **2. 动画剪辑（Animation Clip）**

动画剪辑是通过切换显示多个精灵来达到动画效果的一种数据，用于管理一个动画效果的播放时长和播放速度。

◆ **3. 画师控制器（Animator Controller）**

画师控制器是用于管理多个动画剪辑的数据，使得游戏角色能够实现站立不动、跑动、跳跃等各种动画效果。画师控制器可以管理用于显示这些动画效果的各个动画剪辑，决定何时何地进行切换。

◆ **4. 画师组件（Animator Component）**

画师组件是附着在游戏物体上实现动画效果的组件。通过在画师组件上设置画师控制器来显示动画效果。各种数据的名称相似，不太容易区分。图 4-49 整理了各种动画数据间的相互关系。这是一种嵌套结构，画师组件位于最外侧。

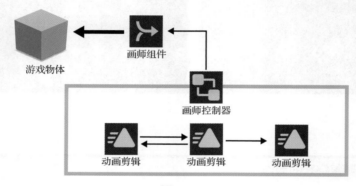

图 4-49

4.5.6　制作移动中的动画效果

现在开始制作角色的移动动画效果。制作动画效果最简单的方法是将项目视图中的多个图像直接拖放到场景视图中去，如图 4-50 所示。如此 Unity 会自动配置所需的动画数据。

全部选中项目视图中用于移动动画的图像"player_run1"～"player_run7"，将它们拖放到场景视图中。

像这样同时将多个图像配置到场景视图中去时，就会自动打开用于指定动画剪辑文件名和保存路径的对话框，可以在指定了文件名和路径后将其保存。我们要做的是移动动画效果，因此将文件命名为"PlayerMove"并保存在 Player 文件夹，如图 4-51 所示。

可以看到在项目视图中多了两个新的图标。图 4-52 所示的图标表示的是画师控制器，是用来管理多个动画剪辑的。画师控制器的名称会自动选取与图像文件名相同的名字，但是为了今后容易理解，把它改成"PlayerAnime"，如图 4-52 所示。在项目视图中选中该图标，按下"Return"键可以编辑名称。

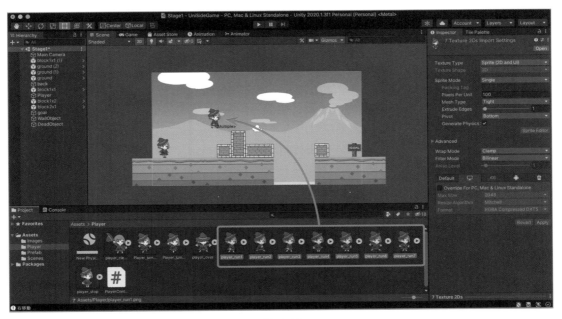

图 4-50

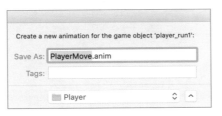

图 4-51

选中刚才在场景视图中配置的玩家角色的游戏物体，看一下检视视图。可以发现已经附着了名为 Animator 的组件。其中叫作"Controller"的项目就是画师控制器，如图 4-53 所示。

图 4-54 所示的图标表示的是动画剪辑，是将多个精灵组合起来显示的数据。先前我们以 PlayerMove 为名保存的就是它。

图 4-52

图 4-53

图 4-54

4.5.7　Animation 窗口

　　选中通过拖放 7 个图像素材生成的游戏物体，从"Window"菜单中选择"Animation"→"Animation"。这会打开"Animation"（动画）窗口，如图 4-55 所示。

　　"Animation"窗口用于显示动画剪辑的内容。如果不能看到整体画面的话可以适当调整窗口的大小。

　　"Animation"窗口可以标签化并内嵌到 Unity 窗口中去。点住左上角的标签（见图 4-56），将其拖放到场景视图或是项目视图上。作者个人习惯将其标签化内嵌到场景视图区域以便于使用。

图 4-55

图 4-56

　　在写有"Sprite"的地方的左边有一个三角形的按钮，单击它。在右侧的视图中可以看到登录好的精灵会沿着时间轴显示出来。时间的显示尺度可以通过鼠标滚轮或者触摸板来上下调整。将其调整到合适的大小，如图 4-57 所示。

　　请注意这里的"Samples"项目。如果没有显示出来的话可以通过窗口右上方的按钮，选择"Show Sample Rate"来打开，如图 4-58 所示。

　　这是用来确定 1s 显示多少帧的数值。当前这个值是 12。这意味着 1s 显示 12 帧。这次要做的奔跑动画效果是由 7 帧组成的，因此每秒会循环 1.7 次。这稍微有点快了，把"Samples"的值改为 7，并按"Return"键如图 4-59 所示。

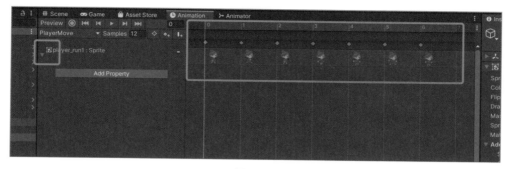

图 4-57

图 4-58

图 4-59

　　这是每秒 7 帧的动画效果，1s 刚好循环 1 次。以后需要将动画效果调整成合适的速度。

　　之前是为了制作动画数据而生成了一个游戏物体，现在这个在场景视图中的游戏物体已经不需要了，将其删除，如图 4-60 所示。

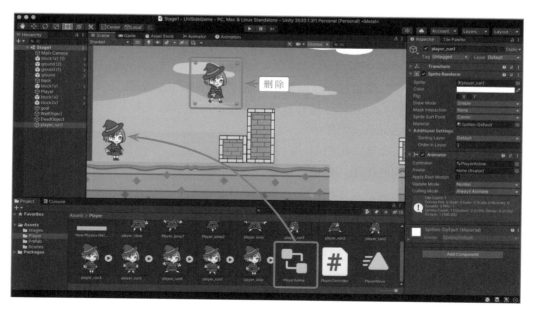

图 4-60

最后，把项目视图中的画师控制器拖放到层级视图或者场景视图中的 Player 上去。这就会在原先配置好的玩家角色的游戏物体上附着这个组件。

4.5.8　制作跳跃的动画效果

接下来制作跳跃的动画效果。刚才通过将多个图像素材拖放到场景中自动生成了移动动画效果，现在使用手动的方式来试试看。

选中玩家角色，打开"Animation"窗口。

可以看到已经配置好了 PlayerMove 的移动动画效果。从左上方的下拉菜单中选择"Create New Clip..."，如图 4-61 所示。

此时会显示用于保存动画剪辑的对话框。以"PlayerJump"为名保存到 Player 文件夹中，如图 4-62 所示。

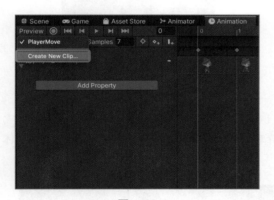

图 4-61

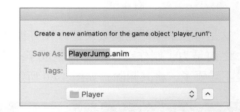

图 4-62

可以看到在项目文件夹中新增了一个新的动画剪辑，同时"Animation"窗口是空白状态。单击"Add Property"按钮打开追加菜单，通过"Sprite Renderer"→"Sprite"，单击右侧的"+"按钮，如图 4-63 所示。这样就可以通过切换显示精灵来实现逐帧的动画效果。

当前使用 Sprite Renderer 组件中的图像来显示 1s 的动画效果。我们需要将该图像替换成跳跃用的图像。单击窗口左上方的录像按钮切换到录像模式以更改图像。

观察 Sprite Renderer 组件，可以看到"Sprite"项目的背景变成了红色。将跳跃动作的图像"Player_jump1"拖放到上面（见图 4-64），动画的图像就变更好了。

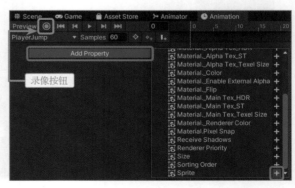

图 4-63

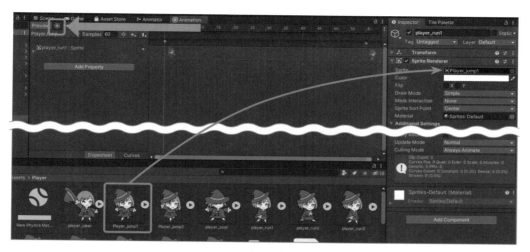

图 4-64

为了使用两帧动画来实现跳跃动画效果，还需要增加一帧。首先将项目视图中的"Player_jump2"拖放到目标时间轴上，如图 4-65 所示。这会在该位置增加一帧。将其加到 0.20s 处，之后也可以调整移动该关键帧。目前暂且把该关键帧加到任意想要的地方。

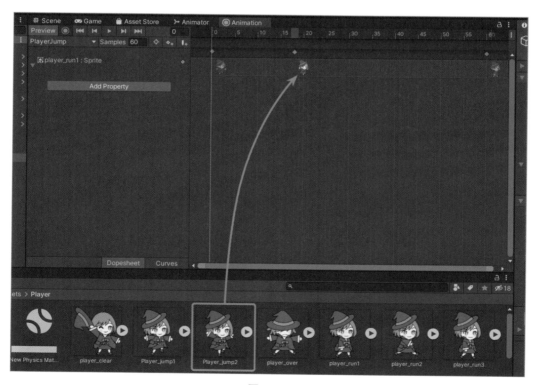

图 4-65

将最后一帧也变更为"Player_jump2"。通过时间轴的上方选中最后一帧。单击录像按钮进入录像模式，将"Player_jump2"拖放到 Sprite Renderer 组件的"Sprite"，如图 4-66 所示。

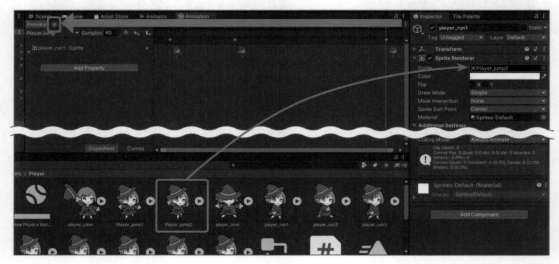

图 4-66

4.5.9　制作待机、到达终点、游戏失败的动画效果

接下来制作待机动画效果以及到达终点和游戏失败时的特殊姿势的动画效果。这些动画剪辑都是只由 1 帧构成的动画效果。

首先制作待机动画剪辑。请选择角色，打开"Animation"窗口。

参阅：4.5.7 节。

从"Animation"窗口左上角的下拉菜单中选择"Create New Clip..."（见图 4-67），新建一个动画剪辑。名称设为"PlayerStop"。

接下来单击"Add Property"按钮，单击位于 Sprite Renderer 的"Sprite"右侧的"+"按钮开始制作精灵动画，如图 4-68 所示。

图 4-67

图 4-68

玩家角色的图像本来就使用了待机用的图像（player_stop），因此无须像制作跳跃的动画效果那样做任何更改，直接就完成了。

　　制作到达终点的动画效果方法与制作待机的动画效果方法相同。用到的图像为"player_clear"，如图 4-69 所示。动画剪辑的名称设为"PlayerGoal"。

图 4-69

　　单击录像按钮，将已作为关键帧登录在上面的两个图像替换为"player_clear"，如图 4-70 所示。

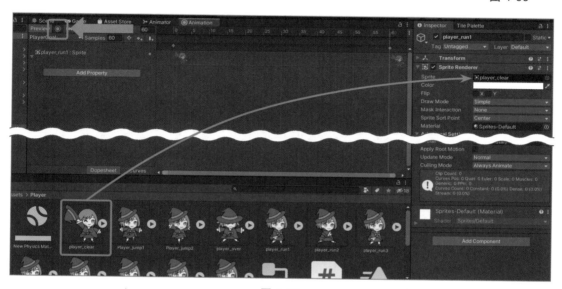

图 4-70

　　接下来制作游戏失败时的动画效果。动画剪辑的制作方法与制作"PlayerGoal"相同。动画剪辑的名称设为"PlayerOver"。游戏失败的图像使用"player_over"，如图 4-71 所示。

　　对于游戏失败的动画效果，除了精灵动画以外，还要为其添加色彩透明度的动画，使其呈现淡出的效果。

图 4-71

　　单击"Add Property"按钮，再单击 Sprite Renderer 的"Color"右侧的"+"按钮以添加色彩动画效果，如图 4-72 所示。这样就为动画增加了色彩效果，使得 Sprite Renderer 组件的色彩项目也可以实现动画效果。

　　通过下面的顺序设定颜色，如图 4-73 所示。

　　①单击时间轴，选择最终的关键帧。

　　②将"Color.a"的文本框设置为 0。

　　Color.a 是不透明度的设定。设为 0 的话就会经过指定的时间（这里是 1s）将游戏物体逐渐变得透明。

4
第 4 章　开发 Side View 游戏的基础系统

4.5　制作玩家角色　**101**

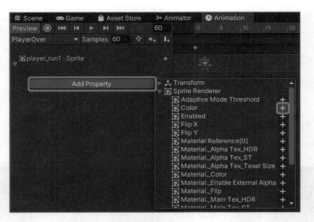

图 4-72

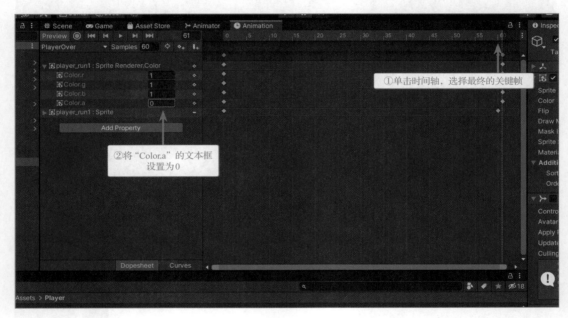

图 4-73

4.5.10　切换玩家的动画效果

现在已经做好了移动、跳跃、待机、到达终点，以及游戏失败的
动画剪辑。使用画师控制器对它们进行编辑，根据动作和操作来进行
切换。

双击打开画师控制器（以 PlayerAnime 为名保存的文件），如图 4-74
所示。可以看到场景视图发生了切换，显示为画师控制器。

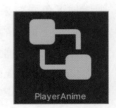

图 4-74

已经做好的动画剪辑用四边形图标来表示。这是将画师控制器的数据进行 UI 化的结果，如图 4-75 所示。

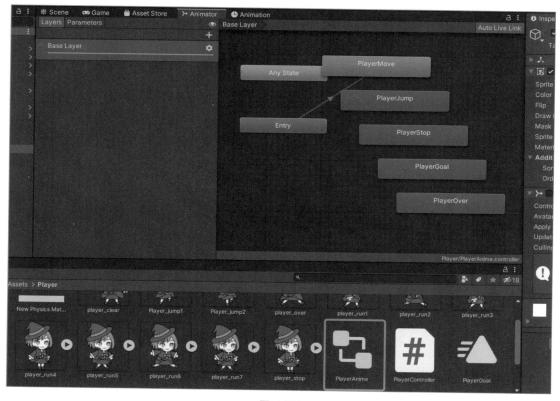

图 4-75

在图 4-75 中，"Entry" 和 "PlayerMove" 之间有箭头相连。这里的 "Entry" 是动画效果的起始点。图 4-75 表明游戏开始后首先播放 PlayerMove 动画剪辑。

画师控制器是一种动画编辑器，通过将各个动画剪辑用箭头连接起来，来实现动画效果的切换。

接下来选中橙色的图标（PlayerMove），看一下检视视图。在 "Motion" 项目里设定了将要播放的动画剪辑，如图 4-76 所示。

然后将玩家角色的动画效果设置为从待机开始。选中 "PlayerStop"，鼠标右键单击展开菜单，选择 "Set as Layer Default State"，如图 4-77 所示。

可以看到由 "Entry" 起始的箭头移动到了 "PlayerStop" 上，并且其变成了橙色，如图 4-78 所示。这样，玩家角色的动画效果就会从 "PlayerStop"（待机）开始了。

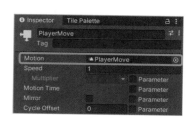

图 4-76

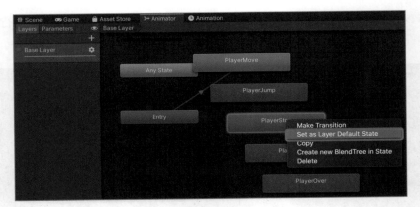

图 4-77

图 4-78

4.5.11　更改脚本实现动画效果

接下来编写用来切换动画效果的脚本。下面代码中高亮的部分是 PlayController 的更改部分。

```
using System.Collections;
using System.Collections.Generic;
using UnityEngine;

public class PlayerController : MonoBehaviour
{
    Rigidbody2D rbody;              // Rigidbody2D 类型的变量
    float axisH = 0.0f;            // 输入
    public float speed = 3.0f;     // 移动速度
```

```csharp
    public float jump = 9.0f;          // 跳跃力
    public LayerMask groundLayer;      // 可以落脚的层
    bool goJump = false;               // 跳跃开始的旗标
    bool onGround = false;             // 立于地面的旗标

    // 动画效果用
    Animator animator; // 画师
    public string stopAnime = "PlayerStop";
    public string moveAnime = "PlayerMove";
    public string jumpAnime = "PlayerJump";
    public string goalAnime = "PlayerGoal";
    public string deadAnime = "PlayerOver";
    string nowAnime = "";
    string oldAnime = "";

    // Start is called before the first frame update
    void Start()
    {
        // 取得 Rigidbody2D
        rbody = this.GetComponent<Rigidbody2D>();
        // 取得 Animator
        animator = GetComponent<Animator>();
        nowAnime = stopAnime;
        oldAnime = stopAnime;
    }

    // Update is called once per frame
    void Update()
    {
        ～  省略  ～
    }
void FixedUpdate()
{
    ～  省略  ～

    if (onGround)
    {
        // 在地面上
        if (axisH == 0)
        {
            nowAnime = stopAnime;    // 停止中
        }
        else
        {
            nowAnime = moveAnime;    // 移动
        }
    }
    else
    {
```

```
        // 空中
        nowAnime = jumpAnime;
    }

    if (nowAnime != oldAnime)
    {
        oldAnime = nowAnime;
        animator.Play(nowAnime);      // 播放动画效果
    }
}
// 跳跃
public void Jump()
{
    ～ 省略 ～
}
// 接触开始
void OnTriggerEnter2D(Collider2D collision)
{
    if (collision.gameObject.tag == "Goal")
    {
        Goal(); // 到达终点!
    }
    else if (collision.gameObject.tag == "Dead")
    {
        GameOver(); // 游戏失败!
    }
}
// 到达终点
public void Goal()
{
    animator.Play(goalAnime);
}
    // 游戏失败
    public void GameOver()
    {
        animator.Play(deadAnime);
    }
}
```

◆ 1. 变量

更改的脚本中增加了 8 个变量。**animator** 变量是用来保存 Animator 组件的变量。**string** 类型的变量定义了参数名，用于切换之前做好的动画数据。将 **string** 类型的变量命名为与动画剪辑相同的名称。这些全部都附上 **public**，之后可以在 Unity 编辑器上对其进行变更。

◆ 2. **Start** 方法

在 **Start** 方法中，使用了 **GetComponent** 方法来为 **animator** 变量赋值。

3. FixedUpdate 方法

在 FixedUpdate 方法中，用 if 语句检查了 onGround（在地面上的旗标）和 axisH（移动值），将动画名称赋给 nowAnime 变量。

此时，若是之前的帧与动画名称不同，就使用 Animator 组件的 Play 方法播放动画效果。在 Play 方法中，通过把动画剪辑名指定为参数，可以实现播放动画的效果。

4. OnTriggerEnter2D 方法

OnTriggerEnter2D 方法是当物体触碰到了碰撞体积时自动调用的方法。其参数 collision 是触碰到的 Collider 组件，其带有的 gameObject 变量是附着了 Collider 组件的游戏物体。如果 tag 为"Goal"就调用 Goal 方法，tag 为"Dead"就调用 GameOver 方法。

5. Goal 方法 /GameOver 方法

为了使得到达终点以及游戏失败的动画效果能够从外部更新，这两个方法前加了 public。Goal 方法用于切换到达终点的动画效果。GameOver 方法则用于切换游戏失败的动画效果。

小贴士　事件碰撞判定方法

除了 OnTriggerEnter2D 方法，还有 OnTriggerStay2D 和 OnTriggerExit2D 这样的碰撞判定的方法。这 3 个方法是，当选中了"In Trigger"选项的碰撞体积与其他碰撞体积开始接触（OnTriggerEnter2D）、接触中（OnTriggerStay2D），以及结束接触（OnTriggerExit2D）时分别调用的方法。参数 collision 是触碰到的碰撞体积组件。

小贴士　动画效果切换

脚本通过调用 Animator 类的 Play 方法来切换动画效果。在 Unity 的动画系统中，也可以在画师控制器中切换动画剪辑以及设置切换条件的变量。在脚本中使用这些变量来控制动画切换，如图 4-79 所示。

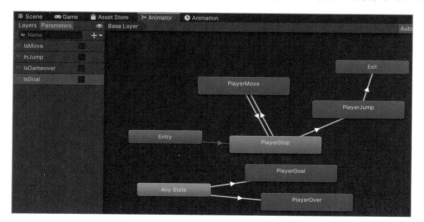

图 4-79

这将大大方便我们使用更多的画模式，或者实现更复杂的切换。不过由于本次用到的模式不太多，所以只使用脚本进行切换的话会更为简单。

4.5.12 编写游戏结束判定的脚本

最后再修改下 PlayerController 脚本，使其能够分别对应触碰到终点碰撞体积（带有"Goal"标签的游戏物体）和游戏失败碰撞体积（带有"Dead"标签的游戏物体）的情况。高亮的地方是 PlayerController 的变更部分。

```
using System.Collections;
using System.Collections.Generic;
using UnityEngine;

public class PlayerController : MonoBehaviour
{
    ～ 省略 ～
public static string gameState = "playing";    // 游戏的状态

// Start is called before the first frame update
void Start()
{
    ～ 省略 ～

    gameState = "playing";  // 设为游戏中
}

// Update is called once per frame
void Update()
{
    if (gameState != "playing")
    {
        return;
    }

    ～ 省略 ～
}

void FixedUpdate()
{
    if (gameState != "playing")
    {
        return;
    }

    ～ 省略 ～
}
// 跳跃
```

```
public void Jump()
{
    ～  省略  ～
}
// 接触开始
void OnTriggerEnter2D(Collider2D collision)
{
    ～  省略  ～
}
// 到达终点
public void Goal()
{
    animator.Play(goalAnime);

    gameState = "gameclear";
    GameStop(); // 游戏停止
}
    // 游戏失败
    public void GameOver()
    {
        animator.Play(deadAnime);

        gameState = "gameover";
        GameStop(); // 游戏停止
        // ======================
        // 游戏失败的效果
        // ======================
        // 取消玩家碰撞体积
        GetComponent<CapsuleCollider2D>().enabled = false;
        // 展现玩家向上稍稍跳起的效果
        rbody.AddForce(new Vector2(0, 5), ForceMode2D.Impulse);
    }
    // 游戏停止
    void GameStop()
    {
        // 取得 Rigidbody2D
        Rigidbody2D rbody = GetComponent<Rigidbody2D>();
        // 将速度设为0, 强制停止
        rbody.velocity = new Vector2(0, 0);
    }
}
```

◆ 1. 变量

gameState 是用来表示玩家角色的状态的 string 类型的变量。如果 gameState 的值不为“playing”（游戏中），则禁止进行玩家操作等一切处理。这个变量的前面有 public 和 static。其中 public 是为了从外部进行参照的关键字。static 的意思将在后面的小贴士中介绍。

游戏的状态由下面 4 种字符串来表示。

- "playing"：游戏中。玩家角色处于可操作状态。
- "gameclear"：游戏通关。触碰到终点的状态。
- "gameover"：游戏失败。触碰到带有"Dead"标签的游戏物体时的状态。
- "gameend"：游戏结束。在 gameclear 和 gameover 之后会进入的状态。

不会消失的 static 变量

前面带有 static 的变量称为 static 变量（静态变量）。通常在类中的变量是作为游戏物体上附着的组件而存在的，当场景切换时，会与游戏物体一同消失。static 变量则属于类本身，是可以贯穿整个游戏而存在的变量，如图 4-80 所示。也就是说，保存在 static 变量中的值直到游戏结束都不会消失。

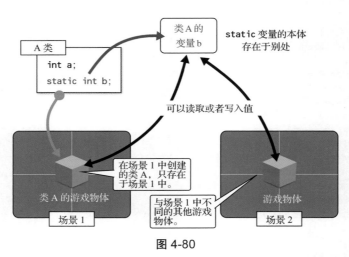

图 4-80

gameState 变量前带有 public，因此从外部也可以访问。当我们需要从外部访问 static 变量时，可以像下面这样，用点将类名和变量名连接起来。

```
PlayerController.gameState
（类名）.（变量名）
```

◆ 2. Start 方法

gameState 变量在 Start 方法中用"playing"（游戏中）进行了初始化。由于 gameState 变量是 static 变量，因此根据游戏的进展状态进行更新后，直到游戏结束都会保持这个值。所以需要在 Start 方法中对它进行初始化。

◆ 3. Update 方法 /FixedUpdate 方法

游戏通关或者游戏失败的时候，gameState 会被赋予"playing"以外的值。游戏结束的时候，没有必要操作或者移动角色（不如说应该这么做）。

因此，在 `Update` 方法和 `FixedUpdate` 方法的最前面对 `gameState` 进行检查，如果不是"playing"的话就通过 `return` 立即中断并跳出该方法。这样就不能对角色进行操作和移动了。

◆ **4. Goal 方法 /GameOver 方法 /GameStop 方法**

通过 `Goal` 方法和 `GameOver` 方法在游戏结束的时候进行统一处理。为了可以从外部调用而加上了 `public`。两者共通的处理包括调用 `GameStop` 方法将移动速度设为 0，以及设置 `gameState`。

作为游戏失败时的画面效果，将角色的速度设为 0，并将其附着的 `CapsuleCollider2D` 的 `enable` 变量（`bool` 类型）设为 `false` 以使碰撞体积判定无效，也就是说允许玩家角色穿过地面。

然后，使用 `Rigidbody2D` 的 `AddForce` 方法，在向上的方向上施加大小为 5 的力，使角色稍微向上跳一下。这样在游戏失败的时候，玩家角色就会切换姿势，在稍稍向上跳一下之后逐渐变得透明，同时下坠消失。

4.5.13 启动游戏

以上做完后，启动游戏来看一下玩家角色的动作。

一开始是待机姿势，使用计算机的左右方向键可以控制角色左右移动，同时显示移动的动画效果。按下空格键后姿势就会切换到跳跃，同时向上跳起，如图 4-81 所示。落地后，一旦没有按键输入后就会回到待机姿势。

当角色触碰到画面右端的终点的时候，就会无法继续操控，同时角色会摆出到达终点的姿势，如图 4-82 所示。

图 4-81

图 4-82

如果角色掉进了画面中央的洞中，也会无法继续操控，同时角色会摆出游戏失败的姿势，之后会在下坠的同时慢慢消失，如图 4-83 所示。

图 4-83

　　到此为止，已经做好了玩家角色。将层级视图中的 Player 拖放到项目视图中的 Player 文件夹中来完成预制，如图 4-84 所示。

　　如此，在其他游戏关卡中，就可以通过配置这个预制来做出同样的玩家角色游戏物体了。

图 4-84

Chapter 5

第 5 章
制作按钮和信息显示

 **开发游戏的 UI**

　　用户界面（UI）用于切换画面和打开菜单的按钮、显示状态信息的图标和文字。Unity 带有通过操作图像来开发图形用户界面（GUI）的功能，可以在游戏画面上覆盖一张图层，在其上配置按钮、图标、文字等玩家可以操作的部件。

5.1.1　增加图像 UI

　　首先给场景增加用于显示游戏状态的图像 UI。

　　从层级视图的左上角，依次选择"Create"→"UI"→"Image"，如图 5-1 所示。这样就在层级视图中增加了一个叫作 Canvas 的游戏物体。

　　观察层级视图，可以看到 Canvas 和它下面的 Image 这两个游戏物体，如图 5-2 所示。这是用于承载 UI 部件的画布（Canvas）和用于显示图像（Image）的游戏物体。GUI 总是会配置成 Canvas 的子对象。

　　还可以看到同时增加了一个叫作 EventSystem 的游戏物体。这是使用 GUI 时必需的元素，千万不要删除了。如果不小心误删了，可以通过层级视图中的"Create"→"UI"→"Event System"添加回来。

图 5-1

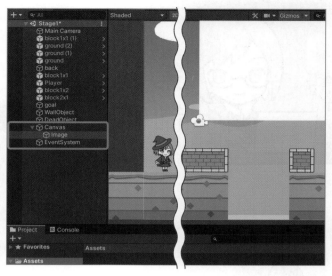

图 5-2

5.1.2　Canvas 的显示设定

　　双击层级视图中的"Canvas"。可以在场景视图中看到 Canvas 的整体范围。刚配置好的 Canvas 会比游戏画面大上许多。下方的白色方块是配置在 Canvas 上的 Image。将其调整为适合游戏画面的大小，如图 5-3 所示。

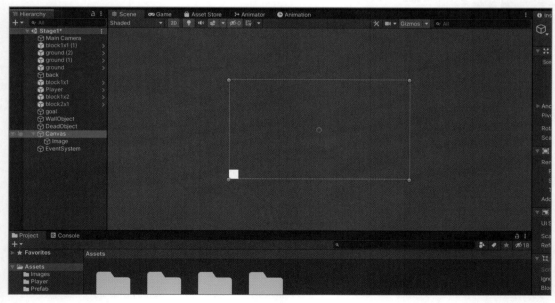

图 5-3

选中层级视图中的"Canvas",将检视视图中的 Canvas 组件的"Render Mode"设置为"Screen Space-Camera"。将 Canvas 显示收缩到 Render Camera 中设定的摄像机的范围内,如图 5-4 所示。在层级视图中排在最上面的名为 Main Camera 的游戏物体就是始终在拍摄游戏画面的摄像机。

将 Render Mode 的设定设为"Screen Space-Camera"后,将"Order in Layer"设为 10,如图 5-4 所示。为了让 UI 总是显示在最上层,需要将其设为一个尽可能大的数字。

图 5-4

选中层级视图中的"Canvas",点住 Main Camera,将其拖放到检视视图中的 Render Camera 的文本框中,如图 5-5 所示。

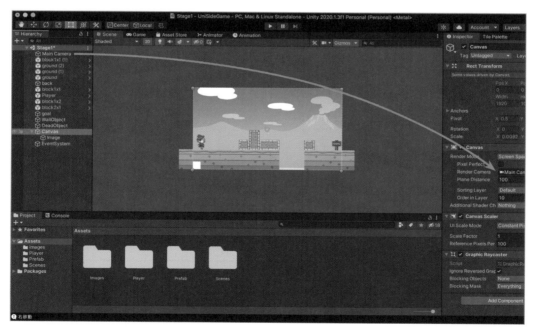

图 5-5

这样 Canvas 的尺寸就收入了摄像机的范围内了。双击层级视图中的"Canvas",画面就会缩放到当前 Canvas 的尺寸。做完了这一步,将 Canvas 下面的 Image 移动到游戏画面的中央附近,如图 5-6 所示。

图 5-6

Canvas 的 Render Mode

小贴士

用 Unity 开发的 2D 游戏其实是将平面图像放在 3D 空间中，用摄像机拍摄得到的。Canvas 的 "Render Mode" 用来设定如何用摄像机来拍摄这个放在 3D 空间中的平面 Canvas。本书的例子为了将 GUI 放到画面中以方便观察，而采用了 "Screen Space-Camera" 模式。下面同时介绍其他的模式。

- Screen Space-Overlay。此模式将 Canvas 铺满这个游戏画面，且总是显示在画面的最上层。也就是说 UI 显示与摄像机没有关系。由于总是显示在最上层，所以基本上无法调整与其他游戏物体的显示顺序。Canvas 的标准模式就是 Overlay 模式，也是最简便的模式。
- Screen Space-Camera。此模式将 Canvas 显示收缩到指定的摄像机范围内。Canvas 上配置的 UI 始终跟着摄像机走。可以用 Order in Layer 对显示的优先级进行调整，还可以用 Place Distance 对摄像机和 Canvas 之间的距离进行调整。将 Place Distance 设为负值的话，Canvas 就会移动到摄像机的后面，此时将数值设定得再大也不会显示在画面上。本模式很适合用来调整 UI 与其他游戏物体间的显示方法和显示顺序。
- World Space。此模式将 Canvas 固定放置在游戏的 3D 空间的某一点上，简单来说就和用图像素材制作的游戏物体一样显示在摄像机中。World Space 模式是 3 个模式中自由度最高的一种。不过正因为如此，这也是最难以驾驭的一种模式。

接下来选中 Image，在检视视图中可以看到名为 Image (Script) 的组件。其中 "Source Image" 是用来显示图像用的参数。将项目视图中的 "GameStart" 图像素材拖放到其中，如图 5-7 所示。

这样，替换 Image 组件的 "Source Image" 的话，显示就会发生变化，如图 5-8 所示。

虽然正确设置了图像，但是图像的尺寸却不正确。这里单击 Image 组件右下角的 "Set Native Size" 按钮，套用图像的原始大小。此外，如果选中 "Preserve Aspect" 的话，图像的长宽比就会被固定住，改变大小的时候图像也不会变形，如图 5-9 所示。

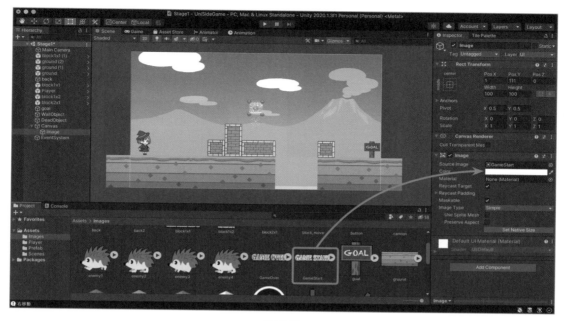

图 5-7

然后，根据自己的喜好可调整尺寸，如图 5-10 所示。

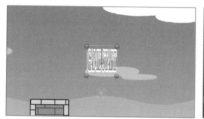

图 5-8

图 5-9

图 5-10

5.1.3 添加按钮 UI

接下来增加用于游戏失败后重新开始游戏的"RESTART"按钮。按钮也是 UI 对象的一种，因此需要配置到 Canvas 中。在层级视图中选中 Canvas，依次选择"Create"→"UI"→"Button"，如图 5-11 所示。

可以看到在 Canvas 的下面多了一个名为 Button 的游戏物体。将其改名为"RestartButton"，如图 5-12 所示。

在 Button 对象的检视视图中，与 Image 对象一样，也有一个名为 Image (Script) 的组件。将用于按钮的"button"图像素材拖放到"Source Image"中。单击"Set Native Size"按钮将按钮设为原始大小，再在场景视图上移动按钮，适当调整其位置，如图 5-13 所示。

图 5-11

图 5-12

图 5-13

在按钮之下，还有一个叫作 Text 的游戏物体，如图 5-14 所示。这是用于显示按钮上的文字的。像这样，游戏物体可以包含其他的游戏物体，形成一种"父子关系"。本例中 RestartButton 是 Text 的父对象。像这样存在父子关系的游戏物体，其位置和尺寸等属性是共享的。

接下来选中"Text"，看一下检视视图。首先将"Text"项目的内容替换成"RESTART"。接下来将"Font Size"设置成 64，如图 5-15 所示。

图 5-14

图 5-15

做完了这一步，就用同样的方法设置"NEXT"按钮。名称设为"NextButton"。这个按钮是在游戏通关后进入下一关用的。

也可以直接复制粘贴"RESTART"按钮，再改变一下位置和文字，如图5-16所示。

图 5-16

5.1.4 使用面板整理多个 UI

Unity 的 GUI 中有一个叫作面板的元素。它也是一种 UI，可以将多个 UI 部件嵌套其中形成一个整体。组合之后可以只通过一次操作就达到改变位置、切换显示 / 隐藏等效果，如图 5-17 所示。

将刚才制作的"RESTART"按钮和"NEXT"按钮统合到一个面板中去。依次选择"+"→"UI"→"Panel"，如图 5-18 所示。

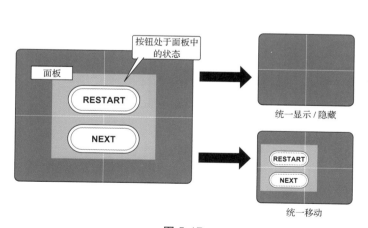

图 5-17

图 5-18

这样就添加了一个名为"Panel"的半透明的游戏物体，这就是所谓的面板。适当调整尺寸后，将 RestartButton 和 NextButton 拖放到上面，成为它的子元素，如图 5-19 所示。

图 5-19

面板的颜色可以通过 Image 的 "Color" 来改变。将 "A" 设为 0 使其透明化,如图 5-20 所示。这样就暂时完成了 GUI 的设置。

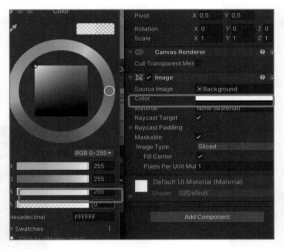

图 5-20

5.1.5　编写用于管理游戏和 UI 的脚本

接下来要编写的 GameManager 类会跨越整个游戏进行监测、控制和管理,同时对 GUI 进行管理以及替换。依次单击项目视图左上角的 "+" → "C# Script" 新建一个脚本文件。

文件命名为 "GameManager"。将脚本命名为 "GameManager" 之后,其图标会变成齿轮(见图 5-21),而不是通常 C# 的图标。

在 "Assets" 文件夹下新建一个 Script 文件夹,将 GameManager 脚本保存到里面。接下来将 GameManager 脚本拖放到层级视图中的 Canvas 上去。这样就将 GameManager 类的脚本附着到 Canvas 上了，如图 5-22 所示。

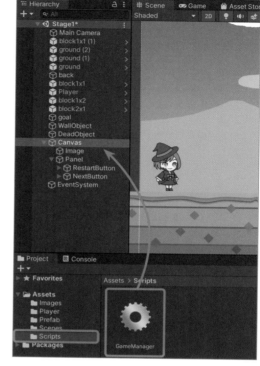

图 5-21

图 5-22

接下来开始编辑 GameManager 脚本。双击打开项目视图中的 GameManager 脚本文件。下面是 GameManager 脚本。变更的部分高亮显示。

```
using System.Collections;
using System.Collections.Generic;
using UnityEngine;
using UnityEngine.UI;    // 使用UI时必需

public class GameManager : MonoBehaviour
{
    public GameObject mainImage;      // 带有图像的 GameObject
    public Sprite gameOverSpr;        // GAME OVER 图像
    public Sprite gameClearSpr;       // GAME CLEAR 图像
    public GameObject panel;          // 面板
    public GameObject restartButton;  // RESTART 按钮
    public GameObject nextButton;     // 下一关按钮

    Image titleImage;                 // 显示图像的Image组件
```

```csharp
// Start is called before the first frame update
void Start()
{
    // 隐藏图像
    Invoke("InactiveImage", 1.0f);
    // 隐藏按钮（面板）
    panel.SetActive(false);
}

// Update is called once per frame
void Update()
{
    if (PlayerController.gameState == "gameclear")
    {
        // 游戏通关
        mainImage.SetActive(true);              // 显示图像
        panel.SetActive(true);                  // 显示按钮（面板）
        // RESTART 按钮无效化
        Button bt = restartButton.GetComponent<Button>();
        bt.interactable = false;
        mainImage.GetComponent<Image>().sprite = gameClearSpr;     // 设置图像
        PlayerController.gameState = "gameend";
    }
    else if (PlayerController.gameState == "gameover")
    {
        // 游戏失败
        mainImage.SetActive(true);              // 显示图像
        panel.SetActive(true);                  // 显示按钮（面板）
        // NEXT 按钮无效化
        Button bt = nextButton.GetComponent<Button>();
        bt.interactable = false;
        mainImage.GetComponent<Image>().sprite = gameOverSpr;      // 设置图像
        PlayerController.gameState = "gameend";
    }
    else if (PlayerController.gameState == "playing")
    {
        // 游戏中
    }
}
// 隐藏图像
void InactiveImage()
{
    mainImage.SetActive(false);
}
```

下面具体看一下。首先是第 4 行：

```csharp
using UnityEngine.UI;   // 使用UI时必需
```

Unity 在使用 GUI 的时候一定要加上这一行。

1. 变量

在类的最开始定义了 7 个变量。其中带有 **public** 的变量是之后需要在 Unity 中对游戏物体和图像进行设置的。

2. Start 方法

在 **Start** 方法中，隐藏图像和 "RESTART" 按钮以及 "NEXT" 按钮。由于 "RESTART" 按钮和 "NEXT" 按钮是面板的子对象，所以只需要隐藏面板就可以把两个按钮都隐藏了。

使用 **Invoke** 方法可以在指定时间后调用由其参数指定的方法（仅限自身的方法）。由于一开始 "GAME START" 图像是被显示出来的，所以这就达成了显示 1s 后隐去的效果。

3. InactiveImage 方法

实际上实现图像隐藏的是由 **Invoke** 方法调用的 **InactiveImage** 方法。通过 **Invoke** 方法调用的方法，其返回值必须为 **void**，且参数必须为空。

在 **InactiveImage** 方法中调用了 **SetActive** 方法。通过设置 **SetActive** 的参数为 **true** 可以显示游戏物体，设置为 **false** 则为隐藏。

4. Update 方法

Update 方法用于监测玩家角色的状态。

通过参照 **PlayerController.gameState** 的状态来判断游戏通关和游戏失败，将在 **Start** 方法中隐藏掉的 **Image** 对象显示出来，并设置图像。

通过替换 **Image** 对象的 **sprite** 变量，可以对图像进行更新。同时将带有 RESTART Button 或者 NEXT Button 的面板通过 **SetActive** 方法显示出来，如图 5-23 所示。

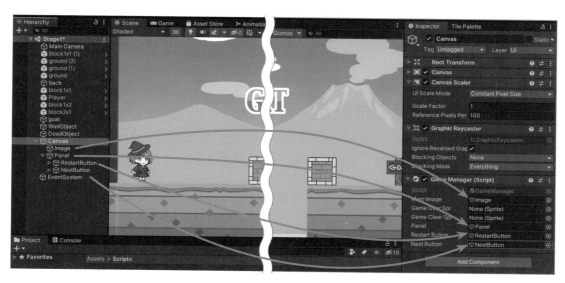

图 5-23

游戏失败的时候，用 GetComponent 方法从"NEXT"按钮取得 Button 组件，将按钮自带的 interactable 变量设为 false 使其变得半透明的非活动状态（不可单击）。顺带提一句，将其设为 true 就可以回到通常的可以单击的按钮。

最后将 PlayerController.gameState 设为"gameend"以防止在下一帧中再次进行同样的处理。

接下来将图像、Image 对象和重启按钮设置到 GameManager 的 public 变量上去。选中层级视图的 Canvas，将各对象拖放到检视视图的 Game Manager (Script) 上去，如图 5-24 所示。

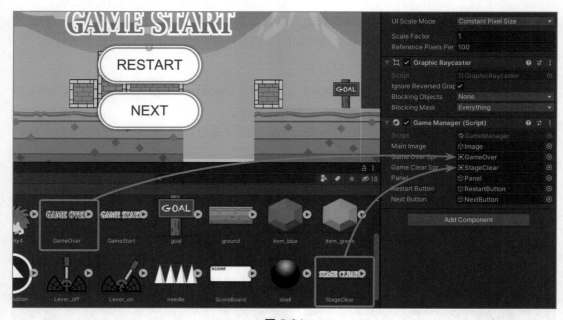

图 5-24

5.2 实现游戏的重启

到此为止已经做好了游戏的大部分内容。剩下的是游戏通关和游戏失败时的处理，目前的状态是游戏直接停止。

为了在游戏结束后，能够再一次从头开始或者进入到下一关，需要将游戏通关和游戏失败时显示的"RESTART"按钮和"NEXT"按钮有效化。按钮是很常用的 UI，请牢记其使用方法。

5.2.1　制作用于读取场景的脚本

新建一个用于读取场景的脚本。依次单击项目视图左上角的 "+" → "C# Script"，在 Scripts 文件夹中新建一个脚本文件。名称设为 "ChangeScene"。

文件生成后双击打开。将 ChangeScene 类进行如下变更。类内部的新增部分高亮显示。

```csharp
using System.Collections;
using System.Collections.Generic;
using UnityEngine;
using UnityEngine.SceneManagement;        // 场景切换时必需

public class ChangeScene : MonoBehaviour
{

    public string sceneName; // 读取的场景名

    // Start is called before the first frame update
    void Start()
    {

    }

    // Update is called once per frame
    void Update()
    {

    }
    // 读取场景
    public void Load()
    {
        SceneManager.LoadScene(sceneName);
    }
}
```

脚本中的 ChangeScene 类用来读取场景的类。进行场景的读取时，"using UnityEngine.SceneManagement;" 这一行是必需的。

◆ 1. 变量

增加了一个指定为 public 的变量。sceneName 变量是一个 string 类型的变量，用于设定读取的场景名。之后会在 Unity 的检视视图中对它进行设置。

◆ 2. Load 方法

Load 方法是用于读取场景的方法，为了能够从外部调用而加上了 public。在该方法的内部调用了 SceneManager 的 LoadScene 方法。SceneManager.LoadScene 方法用于读取其参数指定的场景。为了使用该类及其方法，需要第 1 行的 "using UnityEngine.SceneManagement;"。

5.2.2 设定按下按钮时的事件

接下来用 Unity 进行按钮的设置。按钮可以调用并运行附着于某个游戏物体上的脚本中的方法。

将 ChangeScene 脚本附着到 RestartButton 和 NextButton 上，如图 5-25 所示。

先选中场景视图的 RestartButton，看一下检视视图中的 Button (Script) 组件。下面有一个名为 On Click () 的设定面板。

这里将会显示按下此按钮时对应的游戏物体，以及要调用的附着于其上的脚本的方法。现在只显示"List is Empty"（列表空）。单击下面的"+"按钮，如图 5-26 所示。

这样就增加了一个用于追加游戏物体的面板。显示为 None (Object) 的地方就是用来设置游戏物体的，如图 5-27 所示。

图 5-25

图 5-26

图 5-27

为了调用 **ChangeScene** 类的 **Load** 方法，需要先设置 ChangeScene 脚本作为组件的游戏物体。这里按钮本身就可以承担此功能，因为我们之前已经将 ChangeScene 脚本附着到了它上面。

选中 RestartButton，将其拖放到检视视图中刚刚通过"+"按钮添加的"None (Object)"处，如图 5-28 所示。

在右上方的"No Function"下拉菜单中找到刚才设定的脚本（这里是 ChangeScene），从中选择"Load ()"。

于是，当按下该按钮时，就会调用 **ChangeScene** 类的 **Load** 方法了。

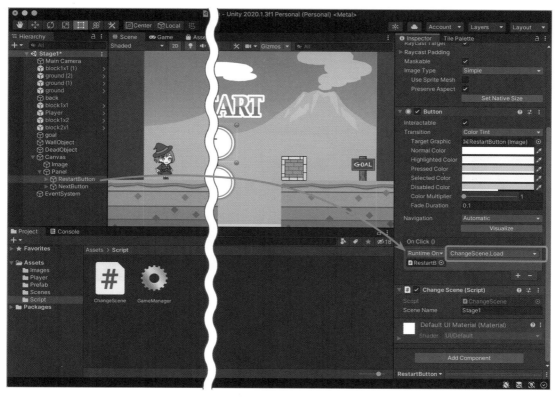

图 5-28

接下来在检视视图中的 Change Scene (Script) 的 "Scene Name" 里输入场景的名称,如图 5-29 所示。

图 5-29

在前期制作的场景是以 "Stage1" 为名进行保存的,因此在 RestartButton 这里输入 "Stage1"。如果当时选用了其他名字的话,就要输入那个名字。

对于 NextButton,要进行同样的操作。将 Change Scene 的 "Scene Name" 设为 "Stage2"。之后会以这个名称来开发游戏的第二关。

此外,本次是将脚本直接附着到按钮本身的(按钮也是一种游戏物体)。一般来说这里凡是游戏物体都是可以用的。

◆ 预制

最后将 Canvas 拖放到项目视图中来将其预制,如图 5-30 所示。这样,下次新增游戏关卡的时候,就可以将该预制直接配置到场景中来复用 UI 了。

图 5-30

为了能够使用 UI，场景中需要有 EventSystem。在将刚才的预制配置到场景中的时候，可能还没有 EventSystem。EventSystem 可以通过单击层级视图的"＋"，并依次选择"UI"→"EventSystem"来添加。

5.3 游玩完成的游戏

游戏启动后，"GAME START"会在画面中央显示 1s，如图 5-31 所示。

1s 后"GAME START"就会消失。玩家可以操控角色登上障碍物并跳过洞穴，如图 5-32 所示。

图 5-31

图 5-32

不幸掉到洞里的话，画面上会显示"GAME OVER"图像，并显示"RESTART"按钮和"NEXT"按钮，如图 5-33 所示。

当角色成功触碰到终点时，就会显示"STAGE CLEAR!"以及"RESTART"按钮和"NEXT"按钮，如图 5-34 所示。

图 5-33

图 5-34

在游戏失败后，单击"RESTART"按钮，游戏就会重置，可以再次从头开始。由于还没有做下一关的场景（Stage2），因此单击"NEXT"按钮也不会有什么反应。

如此一来，一个简单的 Side View 游戏就完成了。通过适当调整一下 Rigidbody 2D 组件的"Gravity Scale"、PlayerManager 的跳跃力的值和地形本身可以改变关卡的难易度。由于是第一关，所以尽可能设计得容易一些比较好。

小贴士

调整画面的大小

游戏进行中的画面大小，可以通过场景视图切换到 Game 标签页时左上角的下拉菜单来改变。可以选择"4：3"或者"16：9"等等长宽比，也可以固定为个人计算机通常的尺寸"1980×1080"，如图 5-35 所示。

设置为 iPhone 和 Android 等智能手机的画面尺寸时，可以通过单击最下方的"+"按钮来任意指定想要的画面大小。

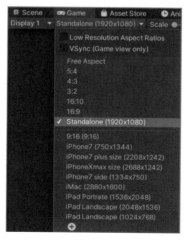

图 5-35

Chapter 6

第 6 章
为游戏增加画面和功能

下载完整的数据

本章制作的项目的完整数据，可以通过网址 https://www.shoeisha.co.jp/book/download/3606/read 下载。

本章会对到第 5 章为止的游戏进行进一步的升级，制作游戏整体的流程，并且增加各种使游戏变得更加有趣的要素。

6.1 升级内容的总结

本章会制作下面一系列的游戏流程：

- 从标题界面开始。
- 游玩数个关卡。
- 在 Result（结果）界面中确认成绩。
- 返回标题界面。

到第 5 章为止，游戏画面都是固定不动的，本章将会使摄像机跟随玩家移动。这样就可以开发比较长的游戏关卡了。

6.1.1 总结增加的游戏要素

现在对游戏中的"敌人和阻碍"以及"奖励"增加以下的要素。

1. 时间限制 / 物品和得分（敌人和阻碍 / 奖励）

制作超过一定时间游戏就失败的机制，然后配置几种宝石物品，拿到宝石后就能得分。此外，剩余的时间也会换算成得分进行加总，得到的总得分将会显示在结果界面上，如图 6-1 所示。

2. 带伤害的地面（敌人和阻碍）

到第 5 章为止，游戏失败的机制是掉进洞穴游戏就失败，接下来在游戏中加上起到同样功能的游戏物体——带伤害的地面（见图 6-2），并自由配置在关卡中。这样关卡设计就会变得更加丰富了。

3. 移动地面（敌人和阻碍）

制作能够载着玩家角色移动的"移动地面"，如图 6-3 所示。这样就可以制作各种复杂的游戏关卡了。

图 6-1　　　　　　　图 6-2　　　　　　　图 6-3

4. 固定炮台（敌人和阻碍）

制作固定在游戏关卡里的定时发射炮弹的大炮。玩家角色被炮弹击中后就会游戏失败，如图 6-4 所示。

5. 活动的敌方角色（敌人和阻碍）

制作在一定的范围内走来走去的敌方角色。玩家角色若是触碰到后同样会游戏失败，如图 6-5 所示。

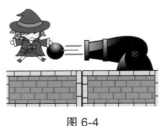

图 6-4

图 6-5

6.2 增加标题界面

接下来增加"从标题界面开始游戏，并能前进到游戏关卡"这一功能。

在标题界面里要放上背景、标题 logo、角色图像，以及开始按钮。虽然原则上背景、标题 logo、角色图像这三项可以统合到一起，但是为了能够在像智能手机这样画面尺寸不均等的环境下也可以简单调整排版，仍然将其作为不同的 UI 部件对待。

6.2.1 开发标题界面的场景

制作标题界面的场景之前注意要保存之前打开的场景。

从"File"中选择"New Scene"。这样场景视图就被清空，可以开始新建场景了，如图 6-6 所示。

此时仅仅是在 Unity 编辑器上新建了场景，还没有作为文件保存。以"Title"为文件名将其保存到 Scenes 文件夹中。从"File"中选择"Save"，如图 6-7 所示。

图 6-6

图 6-7

这样场景数据就保存为文件了。以后可以通过双击这个场景图标来打开标题场景，如图 6-8 所示。

顺便说一句，也可以直接创建场景文件。在项目视图的菜单中选择"+"→"Scene"，如图 6-9 所示。

图 6-8

图 6-9

这样就会在当前选择的文件夹内直接创建一个场景文件。

6.2.2 将标题场景加入编译列表

生成了标题场景之后为了读取并使用这个场景，还需要将其登录到编译列表中。打开

"Build Settings"，将项目视图中的"Title"拖放追加到编译列表中。

参阅：2.2.12 节。

有一点需要注意，此时需要把 Scenes/Title 挪到列表的最上端。这是因为用智能手机运行 Unity 开发的游戏时，会从这个"Scenes In Build"的最上面开始读取。由于标题界面是游戏一开始就需要显示的场景，因此必须放到最上面，如图 6-10 所示。

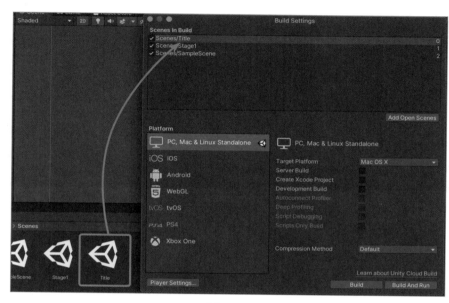

图 6-10

6.2.3　开发标题界面的 UI

接下来开发标题界面的 UI，包括配置角色、标题 logo 用的图像，以及开始按钮。

依次选择"+"→"UI"→"Image"，将 Canvas 和 Image 添加到场景中。添加完成后，将 Canvas 组件的"Render Mode"的值设定为"Screen Space-Camera"。

接下来，在选中层级视图中的 Canvas 的状态下点住"Main Camera"，将其拖放到检视视图的 Render Camera 的文本框中。这样就在配置 UI 的同时，也对 Canvas 配合摄像机进行了配置。

参阅：5.1 节。

6.2.4　配置背景

将"title_back"图像素材从项目视图拖放到 Image (Script) 组件上去，如图 6-11 所示。此时需要适当调整图像的大小，并将名称改为"BackImage"。

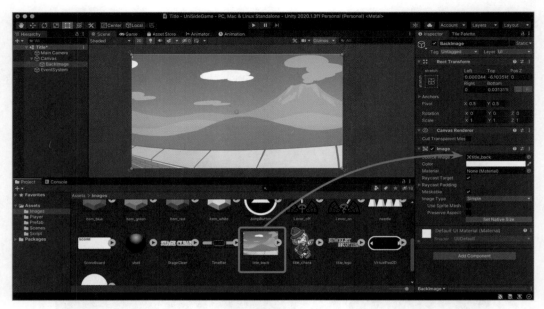

图 6-11

6.2.5 配置角色 / 标题 logo 图像

接下来将两个图像配置到 Canvas 上。将"Source Image"分别设定为"title_chara"和 "title_logo",调整位置,如图 6-12 所示,并将名称改为"CharaImage"和"LogoImage"。

图 6-12

为了保持长宽比（外观尺寸的比例），需要选中 Image (Script) 中的"Preserve Aspect"。选中此复选框后，即使改变图像的尺寸，图像也不会变形，而会维持固定的长宽比，如图 6-13 所示。

将配置好的三张图像的 Rect Transform 的 Anchor Presets 进行如下设置。

- 背景：选择右下。大小随着画面尺寸缩放，如图 6-14 所示。

图 6-13

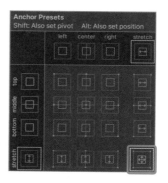

图 6-14

- 角色：选择左下。跟随画面尺寸靠左侧依照高度缩放，如图 6-15 所示。
- 标题 logo：选择右上。跟随画面尺寸靠右上缩放，如图 6-16 所示。

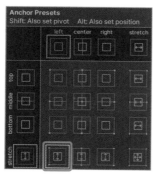

图 6-15

图 6-16

6.2.6 配置开始按钮

接下来配置开始按钮。

参阅：5.1.3 节。

将按钮重命名为"StartButton"，将 button 图像素材从项目视图中拖放到 Image (Script) 组件上，如图 6-17 所示。此时需要适当调整按钮的大小。这里我们单击"Set Native Size"按钮以套用原始尺寸，并要选中"Preserve Aspect"以保持长宽比。还要将 Image 的"Rect

Transform"的"Anchor Presets"设定为右下。

图 6-17

接下来选中层级视图中 StartButton 下面的"Text"，在检视视图中，将 Text (Script) 组件的"Text"值改为"START"，并将"Font Size"设为"64"，如图 6-18 所示。

6.2.7 从标题界面前进到游戏画面

最后实现"单击'START'按钮后，前进到游戏场景 Stage1"这一功能。脚本直接沿用我们在第 5 章中制作的 ChangeScene。

图 6-18

参阅：5.2.2 节。

首先将 ChangeScene 脚本附着到 StartButton 上（见图 6-19），使 StartButton 可以使用 ChangeScene 脚本的功能。

接下来选中"StartButton"，对检视视图的 Button (Script) 直接进行事件设定。单击"+"按钮添加一个事件，将 StartButton（自身）选为游戏物体。在弹出菜单中选择"ChangeScene"→"Load ()"，并将 Change Scene (Script) 的"Scene Name"设置为第一关"Stage1"就可以了，如图 6-20 所示。

至此已经实现了单击"START"按钮就可以从标题界面前进到 Stage1。这里对 Title 场景进行一次保存。

图 6-19

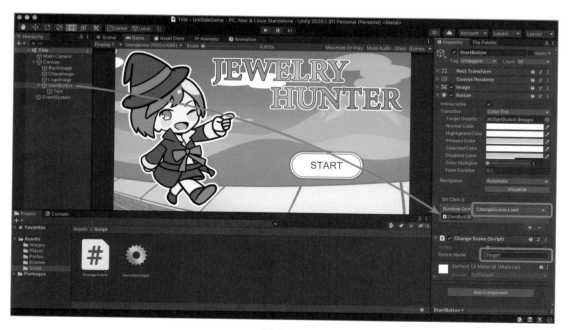

图 6-20

6.3 制作滚动画面

一开始做的 Stage1 只有一幅画面。为了让它看起来更加像 Side View 游戏，需要将游戏关卡横向滚动。具体来说，让摄像机跟随着玩家一起滚动的话，就可以做出较长的游戏卡了。

6.3.1 制作新关卡

参阅：6.2.1 节。

与 Stage1 相同，先从 Prefab 文件夹中将背景、地面和玩家角色配置好，然后要在横向上配置 2 幅画面的游戏关卡。最方便的办法是双击打开 Stage1 的场景，在其基础上进行更改。

并排放置 6 个没有障碍物和洞穴的地面。将终点放置到地面的右端，同时需要更改 WallObject 和 DeadObject 的 Box Collider 2D 的范围。此时需要将右侧的空气墙 WallObject 与地面的右端贴合。同样，DeadObject 的 Box Collider 2D 也要和地面右端贴合，如图 6-21 所示。

如果 UI 妨碍到了编辑地面，可以在层级视图中将其设为不显示，如图 6-22 所示。

图 6-21

图 6-22

6.3.2 将场景保存为模板

做到这一步，选择 "File" → "Save As..."，以 "Base Scene" 为名将场景保存到 Scenes 文件夹中，如图 6-23 所示。

以后在新建游戏场景的时候，首先打开 BaseScene，再以其他名字保存就可以很快地进行开发了。

BaseScene 说到底也只是一种雏形场景，并不会在游戏中直接使用，因此无须将其加入编译列表。

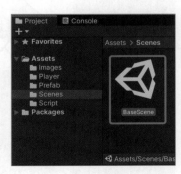

图 6-23

6.3.3　增加摄像机管理脚本

接下来实现画面滚动。首先选中层级视图中的"Main Camera",如图 6-24 所示。

可以看到它和其他游戏物体一样,附着了决定物体位置、角度和大小的 Transform 组件。通过将"Position"的"X"和"Y"的值(见图 6-25)变更为玩家角色,就可以实现摄像机的移动了。

现在来编写控制摄像机的脚本。在"Script"文件夹中新建一个名为"CameraManager"的脚本,将其拖放附着到层级视图的"Main Camera"上,如图 6-26 所示。

图 6-24

图 6-25

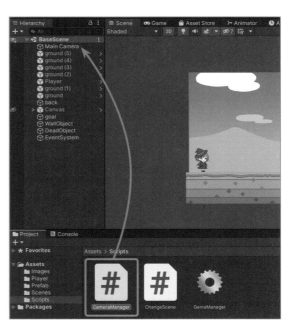

图 6-26

接下来对脚本进行编辑。双击打开 CameraManager。下面就是 CameraManager 的脚本。变更处高亮显示。

```csharp
using System.Collections;
using System.Collections.Generic;
using UnityEngine;

public class CameraManager : MonoBehaviour
{
    public float leftLimit = 0.0f;          // 左滚界限
    public float rightLimit = 0.0f;         // 右滚界限
    public float topLimit = 0.0f;           // 上滚界限
    public float bottomLimit = 0.0f;        // 下滚界限
```

```csharp
// Start is called before the first frame update
void Start()
{

}

// Update is called once per frame
void Update()
{
    GameObject player =
        GameObject.FindGameObjectWithTag("Player"); // 寻找玩家
    if(player != null)
    {
        // 摄像机更新后的坐标
        float x = player.transform.position.x;
        float y = player.transform.position.y;
        float z = transform.position.z;
        // 横向同步
        // 添加左右移动限制
        if (x < leftLimit)
        {
            x = leftLimit;
        }
        else if (x > rightLimit)
        {
            x = rightLimit;
        }
        // 纵向同步
        // 添加上下移动限制
        if (y < bottomLimit)
        {
            y = bottomLimit;
        }
        else if (y > topLimit)
        {
            y = topLimit;
        }
        // 生成摄像机位置的Vector3
        Vector3 v3 = new Vector3(x, y, z);
        transform.position = v3;
    }
}
```

对脚本的分析如下。

◆ **1. 变量**

有 4 个变量，前面都带有 public。这是用来限制摄像机上下左右移动的变量。

2.Update 方法

在 Update 方法中，通过 FindGameObjectWithTag 方法来找到带有"Player"标签的游戏物体，并将其赋给 player 变量。由于玩家角色就带有"Player"标签，因此这里会返回玩家角色的游戏物体。

如果场景中没有带有"Player"标签的对象，那么就会返回 null（空）值。null 是什么都没有的意思，以后会经常用到，请牢记。

接下来需要检查返回值是不是 null，再来对摄像机的坐标进行更新处理。从玩家和摄像机本身分别获取 X 坐标、Y 坐标和 Z 坐标，赋给相应的变量，将其作为新的摄像机坐标使用。由于 X 坐标和 Y 坐标都是玩家角色的坐标，因此结果就是摄像机会跟随着玩家的横向移动而移动。

脚本通过变量中设置的数值，对摄像机上下左右的移动做了限制。如果这里直接使用玩家的位置，就会显示出游戏画面两端本不应该显示出来的画面外的领域。

最后使用位置调整后的 x、y 和 z 值，生成一个使用三维坐标的 Vector3 数据，用其来对决定摄像机位置的 position 进行更新，以使摄像机位置能够实时跟随玩家的横向位置而移动。

保存脚本，返回 Unity 对 CameraManager 的左右限制值进行设置。"Left Limit"和"Bottom Limit"通常可以设为 0。但是"Right Limit"和"Top Limit"则需要确认关卡的配置后输入适当的值。

例如，可以选中"Main Camera"，通过平移工具对画面进行水平方向的移动，来确认摄像机画框右端的"Position.X"。这会是一个 17.98 左右的值。将这个值设置到附着于 Main Camera 上的 Camera Manager (Script) 的"Right Limit"，如图 6-27 所示。

图 6-27

6.3.4 固定背景图像

最后固定住背景图像，将层级视图中的"back"（背景）拖放到"Main Camera"上，使其成为摄像机的子对象，如图 6-28 所示。这样背景的游戏物体就会随着摄像机一起移动，也就实现了固定住游戏画面背景的效果。

启动游戏，如图 6-29 所示。

图 6-28

图 6-29

游戏开始后，向右方移动玩家角色。在角色来到画面中央位置之前，画面都是不会滚动的。当角色走到画面中央之后，游戏画面就会持续滚动，保证角色始终在画面中央，如图 6-30 所示。

当角色靠近终点（画面右端）时，滚动就会停止，如图 6-31 所示。

图 6-30

图 6-31

这样就实现了画面的滚动，可以开发较长的游戏关卡了。万一出现了画面不滚动的情况，请确认以下几点。

- 是否为玩家角色设置了 Player 标签？
- 是否设置了 CameraManager 的"Right Limit"？

做完了这一步，请对场景进行保存。

6.3.5 实现背景的多重滚动

目前已将背景设置为了摄像机对象的子对象，呈现了固定背景图像的视觉效果。可以在背景上面再显示一层比画面更大的背景图像，并使其滚动稍微慢一拍，以实现多重滚动效果。使背景多重滚动可以丰富游戏画面的层次感。

先创建一个空游戏物体，命名为"SubScreen"。将 SubScreen 的"Transform"→"Position"的"X"、"Y"和"Z"值都设为 0，如图 6-32 所示。

图 6-32

接下来，在项目视图中将用于滚动的背景图像"back2"拖放两个到 SubScreen 上去，成为其子对象。为了使它们显示在背景图像的前面，两个 back2 图像的 Order in Layer 都需要设置为 1。

做完这一步，将两个 back2 图像横向并排铺满画面。

将多重滚动的脚本添加到 CameraManager 中去。打开 CameraManager 进行以下的更改。高亮处为变更处。

```
using System.Collections;
using System.Collections.Generic;
using UnityEngine;

public class CameraManager : MonoBehaviour
{
    public float leftLimit = 0.0f;          // 左滚界限
    public float rightLimit = 0.0f;         // 右滚界限
    public float topLimit = 0.0f;           // 上滚界限
    public float bottomLimit = 0.0f;        // 下滚界限
```

```
public GameObject subScreen;        // 副屏幕

// Start is called before the first frame update
void Start()
{

}

// Update is called once per frame
void Update()
{
    GameObject player =
        GameObject.FindGameObjectWithTag("Player");  // 寻找玩家
    if(player != null)
    {
      ～  省略  ～

        // 生成摄像机位置的Vector3
        Vector3 v3 = new Vector3(x, y, z);
        transform.position = v3;

        // 滚动副屏幕
        if (subScreen != null)
        {
            y = subScreen.transform.position.y;
            z = subScreen.transform.position.z;
            Vector3 v = new Vector3(x / 2.0f, y, z);
            subScreen.transform.position = v;
        }
    }
}
```

◆ 1.变量

增加了一个名为 **subScreen** 的 **GameObject** 类型的变量，并且赋予其 **public** 属性，该变量表示之前在场景中配置的空游戏物体。

◆ 2.Update 方法

在 **Update** 方法的最后，增加了用于滚动的代码。首先检查是否设定了 **subScreen**，如果 **subScreen** 不为 **null** 的话（即已被设定的话），将摄像机的 X 值的一半赋给 **x**（**y** 和 **z** 则保持原值）。

这样就使得 SubScreen 以摄像机一半的移动量实现横向移动，呈现出错位滚动的效果。由于两个 back2 都是 SubScreen 的子对象，因此会随着 SubScreen 一起移动。

最后将检视视图中的 Camera Manager (Script) 的 "Sub Screen" 设为层级视图的 "SubScreen"，如图 6-33 所示。

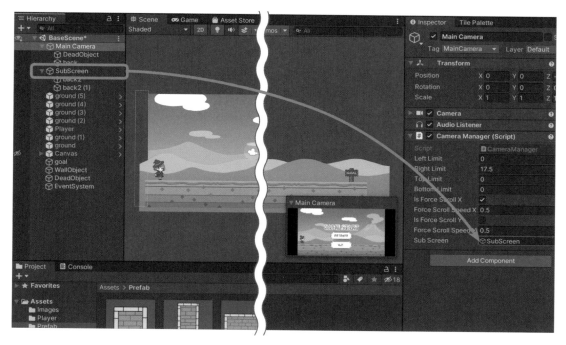

图 6-33

6.3.6 启动游戏

在此状态下启动游戏看看。back 和它前面的 back2 会相互错开一些进行滚动，如图 6-34 所示。

图 6-34

6.3.7 实现强制滚动

所谓强制滚动，是指与玩家的操作无关，画面自动滚动的机制。在动作游戏中常用以表现需要玩家迅速做出反应的紧迫感。

为了实现强制滚动，需要修改 CameraManager 脚本，高亮处为变更处。

```csharp
using System.Collections;
using System.Collections.Generic;
using UnityEngine;

public class CameraManager : MonoBehaviour
{
    public float leftLimit = 0.0f;          // 左滚界限
    public float rightLimit = 0.0f;         // 右滚界限
    public float topLimit = 0.0f;           // 上滚界限
    public float bottomLimit = 0.0f;        // 下滚界限

    public GameObject subScreen;            // 副屏幕

    public bool isForceScrollX = false;     // X轴强制滚动的旗标
    public float forceScrollSpeedX = 0.5f;  // 1s滚动的X轴距离
    public bool isForceScrollY = false;     // Y轴强制滚动的旗标
    public float forceScrollSpeedY = 0.5f;  // 1s滚动的Y轴距离

    // Start is called before the first frame update
    void Start()
    {

    }

    // Update is called once per frame
    void Update()
    {
        GameObject player =
            GameObject.FindGameObjectWithTag("Player"); // 寻找玩家
        if(player != null)
        {
            // 摄像机更新后的坐标
            float x = player.transform.position.x;
            float y = player.transform.position.y;
            float z = transform.position.z;
            // 横向同步
            if (isForceScrollX)
            {
                // 横向强制滚动
                x = transform.position.x + (forceScrollSpeedX * Time.deltaTime);
            }
            // 添加左右移动限制
            if (x < leftLimit)
            {
                x = leftLimit;
            }
            else if (x > rightLimit)
```

```
        {
            x = rightLimit;
        }
        // 纵向同步
        if (isForceScrollY)
        {
            // 纵向强制滚动
            y = transform.position.y + (forceScrollSpeedY * Time.deltaTime);
        }
        // 添加上下移动限制
        if (y < bottomLimit)
        {
            y = bottomLimit;
        }
        else if (y > topLimit)
        {
            y = topLimit;
        }
        // 生成摄像机位置的Vector3
        Vector3 v3 = new Vector3(x, y, z);
        transform.position = v3;

        // 滚动副屏幕
        if (subScreen != null)
        {
            y = subScreen.transform.position.y;
            z = subScreen.transform.position.z;
            Vector3 v = new Vector3(x / 2.0f, y, z);
            subScreen.transform.position = v;
        }
    }
  }
}
```

◆ 1. 变量

增加了 4 个带有 **public** 的变量，分别表示是否进行强制滚动的旗标，以及强制滚动时 X 方向和 Y 方向上的滚动速度。

在希望启动强制滚动的时候，可以通过选中检视视图的 "Is Force Scroll X" 和 "Is Force Scroll Y" 来实现。本次只进行 X 方向上的强制滚动，因此选中 "Is Force Scroll X" 即可，如图 6-35 所示。

图 6-35

◆ 2. Update 方法

在 **Update** 方法中，检查了 **isForceScrollX** 和 **isForceScrollY** 这两个旗标，如果为 **true**，则对相应的轴进行强制滚动。与一般的滚动相比，不同的地方只有 X 轴和 Y 轴的设定。

在强制滚动的时候，将当前的值加上由 **forceScrollSpeedX** 或 **forceScrollSpeedY**（1 秒钟滚动的距离）和 **Time** 类下面的 **deltaTime** 相乘的结果。这样每一帧画面都会从左向右、自下而上进行滚动。

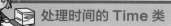

处理时间的 Time 类

Time 类含有与时间相关处理的方法和变量。

deltaTime 是 **Time** 类自带的一个变量，存储了自前一帧的经过时间，通过把这个值加到每一帧的 **times** 变量上就可以得到自游戏开始的整体经过时间。

本书用到的 **Time** 类的变量有下面 2 种。

- **deltaTime**：自前一帧的经过时间（单位为秒）。
- **fixedDeltaTime**：**FixedUpdate** 方法的调用间隔（单位为秒）。

6.3.8 制作强制滚动的游戏失败

在强制滚动中，画面的左端会一直追赶玩家。如果被追上了，游戏就会失败。

将 DeadObject 拖放到 Main Camera 上成为其子对象。然后附着一个 Box Collider 2D，将其配置到画面的左端，如图 6-36 所示。

图 6-36

此时，不要忘了选中 Box Collider2D 的 "Is Trigger" 选项。

这样 DeadObject 就会随着摄像机一起移动了。当玩家触碰到画面左端的时候，就会游戏失败。

同样，把 WallObject 也设定为 Main Camera 的子对象。将右侧的 Box Collider 2D 移动到画面的右端，如图 6-37 所示。

图 6-37

这样即使玩家超越了滚动速度也不会跑到画面之外。

做完这一步，将当前的场景另存为"BaseForcedScrollStage"。这就是今后开发强制滚动关卡用的雏形。

 **6.4 实现计时功能**

6.4.1 游戏中是如何处理时间的

游戏中处理时间的方法大体上可以分为两类：从游戏开始累计时间的正计时方式和预先确定最大时间后的倒计时方式。

◆ **1. 正计时方式**

从游戏开始累计时间的就是正计时，主要用于对持续进行游戏的奖励。比如玩家争取在不发生游戏失败的情况下坚持尽可能长的时间，同时会将这个结果转换为成绩或物品。累计游戏的总时间，通关的时间越短就给予更多的奖励，也是一种常见的方法。

◆ **2. 倒计时方式**

具有代表性的例子是：如果没有在规定时间内抵达终点的话游戏就会失败。通过对通关设置时间限制来增加游戏的紧张感。

6.4.2 编写计时脚本

现在来编写可同时用于倒计时和正计时的计时脚本。脚本的名称设为"TimeController"。进入 Canvas 预制的编辑状态，将 TimeController 附着上去，如图 6-38 所示。

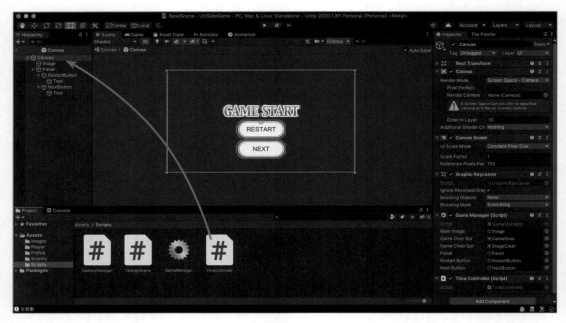

图 6-38

参阅：4.4.2 节。

将组件等附着到预制的游戏物体上去的时候，如果直接使用配置在场景中的对象，则变更不会反映到预制上去，所以必须对预制本身进行编辑。

接下来打开 TimeController 脚本，进行如下编辑。

```csharp
using System.Collections;
using System.Collections.Generic;
using UnityEngine;

public class TimeController : MonoBehaviour
{
    public bool isCountDown = true;     // true= 倒计时
    public float gameTime = 0;          // 游戏的最大时间
    public bool isTimeOver = false;     // true= 停止计时器
    public float displayTime = 0;       // 显示时间

    float times = 0;                    // 当前时间

    // Start is called before the first frame update
    void Start()
    {
        if (isCountDown)
        {
            // 倒计时
```

```
                displayTime = gameTime;
            }
        }
        // Update is called once per frame
        void Update()
        {
            if(isTimeOver == false)
            {
                times += Time.deltaTime;
                if (isCountDown)
                {
                    // 倒计时
                    displayTime = gameTime - times;
                    if(displayTime <= 0.0f)
                    {
                        displayTime = 0.0f;
                        isTimeOver = true;
                    }
                }
                else
                {
                    // 正计时
                    displayTime = times;
                    if (displayTime >= gameTime)
                    {
                        displayTime = gameTime;
                        isTimeOver = true;
                    }
                }
                Debug.Log("TIMES: " + displayTime);
            }
        }
    }
```

◆ 1. 变量

isCountDown 是用来表示使用倒计时还是正计时的旗标，isCountDown 为 true 表示采用倒计时。

gameTime 表示游戏最大时间（s）的变量。在倒计时的情况下，从这个数开始减少到 0；在正计时的情况下，从 0 开始增加到这个数。无论是倒计时还是正计时，只要满足了上述条件，isTimeOver 旗标就会被设为 true，同时停止计时。

displayTime 是用于从外部获取当前时间的变量。times 则是内部计时用的变量。

◆ 2. Start 方法

在 Start 方法中，如果使用的是倒计时方式，由于是从游戏的最大时间开始倒计时的，所以将游戏的最大时间设定为 displayTime。

◆ 3.Update方法

在 Update 方法中进行计时。

仅当 isTimeOver 旗标为 false 时才进行计时。这里的重点是 Time 类的 deltaTime。deltaTime 存储了自前一帧的经过时间，将这个值加到每一帧的 times 变量上就可以得到从游戏开始的整体耗时了。

加算的方法使用下面的算式。

```
times += Time.deltaTime;
```

+= 运算符进行的处理是：将 Time.deltaTime 的值加到 times 变量上，再将结果赋给 times 变量。

这和下面的代码是同样的意思。

```
times = times + Time.deltaTime;
```

使用 += 的话，代码更加简洁。可以记忆成"先加再赋值"，因此写作 +=。同样，减法的时候可以用 -=。

在正计时的时候直接使用游戏的经过时间。在倒计时的时候用这个值与 gameTime 的差来计算时间的减少。

最后用 Debug.Log 方法来输出经过时间。

现在保存脚本返回 Unity。选择附着了 TimeController 的 Canvas，更改检视视图中的参数。将"Game Time"设置为 60，并选中"Is Count Down"，如图 6-39 所示。

启动游戏后确认下 Console 的输出。可以看到从 60 开始递减，减到 0 后停止，如图 6-40 所示。

图 6-39

图 6-40

6.4.3　为游戏增加时限 UI

目前仅仅实现了计时并通过日志来显示。接下来需要在游戏中实际使用这个脚本来实现时间限制。这里采用倒计时，如果没能在规定时间内抵达终点游戏就失败。

首先制作显示剩余时间的 UI。为了容易看清倒计时的时间，先配置基础图像，再在其上配置倒计时用的数字。以下编辑针对 Canvas 的预制进行。

依次选择层级视图中的"+"→"UI"→"Image"。这样就为 Canvas 增加了一个 Image 对象。名称设为"TimeBar"，如图 6-41 所示。

参阅：5.1.1 节。

选中新添加的 Image，将其配置到画面的中央上方。将图像素材"TimeBar"拖放到检视视图的 Image 上，并选中"Preserve Aspect"。同时需要单击"Set Native Size"按钮来将图像设定为原始尺寸，如图 6-42 所示。

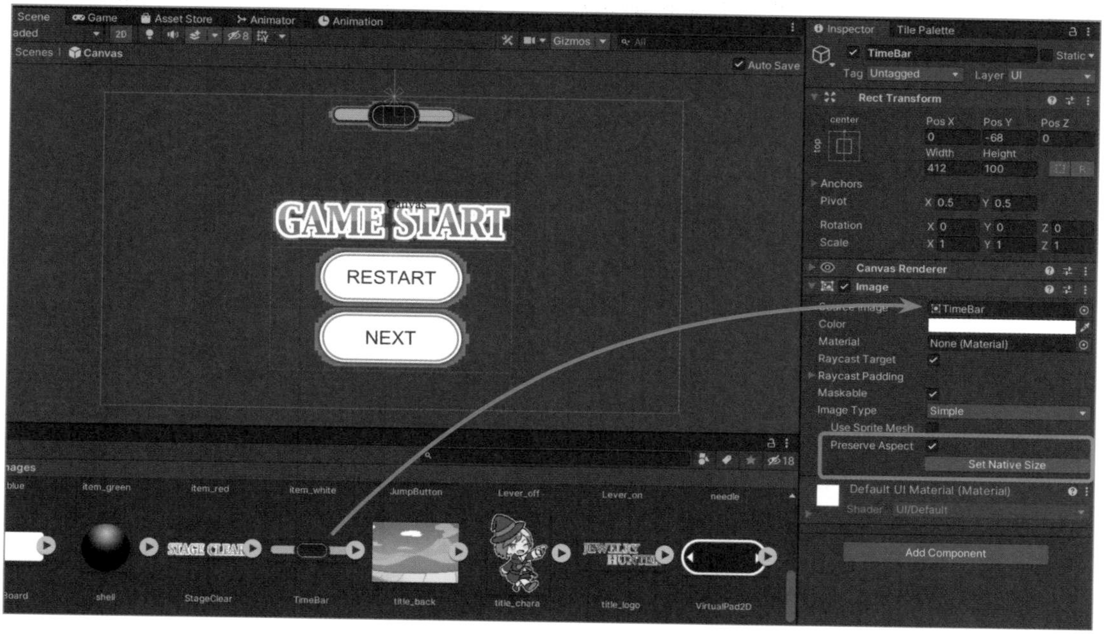

图 6-41

图 6-42

接下来将检视视图的"Rect Transform"选定为中央上方。这样即使改变画面的大小，这个 Image 也会始终配置在画面的中央上方，如图 6-43 所示。

接下来将 Text 添加为刚才配置的 Image 的子对象。通过"+"→"UI"→"Text"将 Text 配置到 Canvas 上，通过拖放使其成为 TimeBar 的子对象，并将其位置调整到 Image 的中央，名称设为"TimeText"，如图 6-44 所示。

最后选中添加的 Text，在检视视图的 Text 组件中进行如下设置，如图 6-45 所示。

图 6-43

图 6-44

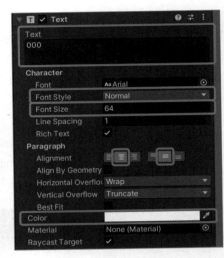

图 6-45

- Text：000。
- Font Style：Normal。
- Font Size：64。
- Alignment：居中对齐。
- Color：白色。

6.4.4 更新 GameManager 脚本

接下来将此文本对象放到 GameManager 脚本中使用。打开 GameManager 脚本。增加的部分高亮显示。

```
using System.Collections;
using System.Collections.Generic;
using UnityEngine;
using UnityEngine.UI;    // 使用UI时必需

public class GameManager : MonoBehaviour
{
    ～ 省略 ～

    // +++ 增加时间限制 +++
    public GameObject timeBar;       // 显示时间的图片
    public GameObject timeText;      // 时间文本
    TimeController timeCnt;          // TimeController
// Start is called before the first frame update
void Start()
{
```

```
～ 省略 ～
// +++ 增加时间限制 +++
// 获取 TimeController
timeCnt = GetComponent<TimeController>();
if(timeCnt != null)
{
    if (timeCnt.gameTime == 0.0f)
    {
        timeBar.SetActive(false);  // 没有限时的话隐藏
    }
}
}


// Update is called once per frame
void Update()
{
    if (PlayerController.gameState == "gameClear")
    {
        // 游戏通关
        ～ 省略 ～
        // +++ 增加时间限制 +++
        if (timeCnt != null)
        {
            timeCnt.isTimeOver = true;  // 停止计时
        }
    }
    else if (PlayerController.gameState == "gameover")
    {
        // 游戏失败
        ～ 省略 ～
        // +++ 增加时间限制 +++
        if (timeCnt != null)
        {
            timeCnt.isTimeOver = true;  // 停止计时
        }
    }
    else if (PlayerController.gameState == "playing")
    {
        // 游戏中
        GameObject player = GameObject.FindGameObjectWithTag("Player");
        // 获取 PlayerController
        PlayerController playerCnt = player.GetComponent<PlayerController>();
        // +++ 增加时间限制 +++
        // 更新计时器
        if (timeCnt != null)
        {
            if (timeCnt.gameTime > 0.0f)
            {
                // 通过代入整数来舍去小数
```

```
                int time = (int)timeCnt.displayTime;
                // 更新计时器
                timeText.GetComponent<Text>().text = time.ToString();
                // 时间到
                if (time == 0)
                {
                    playerCnt.GameOver();     // 游戏失败
                }
            }
        }
    }
    // 隐藏图像
    void InactiveImage()
    {
        mainImage.SetActive(false);
    }
}
```

◆ 1.变量

增加了 3 个变量。**timeBar** 和 **timeText** 是新加的图像和文本的 **GameObject** 类型的变量。后面会将其设置为在 Canvas 上配置的 TimeBar 和 TimeText。**timeCnt** 是用来保存 **TimeController** 的变量。

◆ 2.Start 方法

在 **Start** 方法中使用 **GetComponent** 方法获取了附着的 **TimeController**，并把它赋给了相关变量。同时检查该变量是否为 **null**，如果该变量不为 **null**，且 **TimeController** 的 **gameTime** 为 0 的话，就认为没有时间限制，并通过 **SetActive** 方法将 **timeBar** 隐藏显示。由于 **timeText** 是 **timeBar** 的子对象，所以会同时隐藏掉。

◆ 3.Update 方法

在 **Update** 方法中，通过游戏中的 **if else** 语句，检查了 **TimeController** 的 **gameTime**。只有当其值大于 0 的时候才对显示时间进行更新（这里也做了 **null** 检查）。同时，我们还使用了 **TimeController** 的 **displayTime** 来对文本进行刷新。

时间到了 0 的话就通过调用 **PlayerController** 的 **GameOver** 方法来设定游戏失败并结束游戏。游戏结束时（游戏失败或者游戏通关）需要停止计时，因此将 **true** 赋给了 **TimeController** 的 **isTimeOver**。

做完了这一步，回到 Unity，将 TimeBar 和 TimeText 分别设置到 GameManager 新增的参数上，如图 6-46 所示。

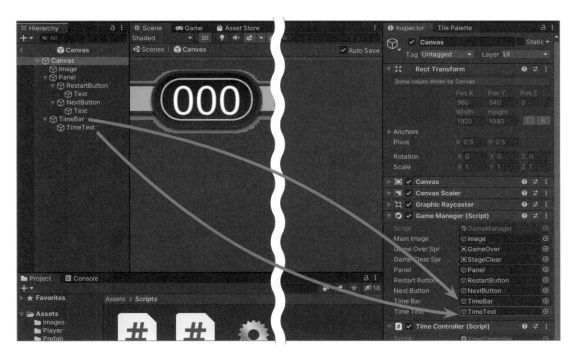

图 6-46

6.4.5 启动游戏

将 Game Time 设为 60，并选中 Is Count Down，启动游戏。从 60s 开始倒计时，如图 6-47 所示。

等到计时器显示为 0，就会如同接触到 DeadObject 一样结束游戏，如图 6-48 所示。

图 6-47

图 6-48

6.5 制作物品和得分机制

接下来要开发的游戏机制是：将物品配置到游戏关卡中，获得物品就得分。进一步还可以制作通关必需的关键道具等。

6.5.1 制作物品的游戏物体

下面开始制作物品。预先准备了 4 种不同颜色的图像，用以区分不同分数的物品，如图 6-49 所示。

图 6-49

将"item_red"拖放到场景视图中生成游戏物体。为了在之后的脚本中能够区分，设定它的标签为"ScoreItem"。另外，为了不让它被背景遮住，把 Sprite Renderer 组件的"Order in Layer"设为 2，如图 6-50 所示。

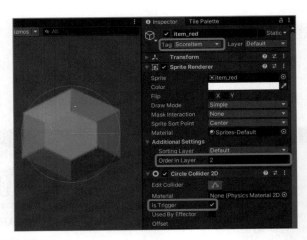

图 6-50

需要附着组件是 Circle Collider 2D。选中"Is Trigger"。

6.5.2 编写物品数据的脚本（ItemData）

接下来编写的脚本的主要目的是获得物品后判断物品的属性。通过脚本参数的信息来

158 第二部分　开发 Side View 游戏

被判断物品的状态。

新建一个 ItemData 脚本，将其附着到游戏物体上去。下面是 ItemData 脚本的具体内容。

```
using System.Collections;
using System.Collections.Generic;
using UnityEngine;

public class ItemData : MonoBehaviour
{
    public int value = 0;                    // 可以设置整数值

    // Start is called before the first frame update
    void Start()
    {

    }

    // Update is called once per frame
    void Update()
    {

    }
}
```

◆ **1. 变量**

在类里只增加了一个变量。通过 **value** 来设定获得该物品时的得分。

这个脚本仅仅用来记录物品的参数，因此在 **ItemData** 类的 **Start** 方法和 **Update** 方法中什么都没有添加。

◆ **2. 4 种物品**

接下来用同样的方法制作 4 种物品，并将它们分别预制。各个物品的 Item Data (Script) 的参数（value）须进行如下设定。

- item_white：100。
- item_red：50。
- item_blue：30。
- item_green：10。

6.5.3 获得物品的脚本

接下来，需要将获取刚才制作的物品的脚本添加到 PlayerController 中去。

```
using System.Collections;
using System.Collections.Generic;
using UnityEngine;
```

```
public class PlayerController : MonoBehaviour
{
    ～ 省略 ～

    public int score = 0;          // 得分

    // Start is called before the first frame update
    void Start()
    {
        ～ 省略 ～
    }

    // Update is called once per frame
    void Update()
    {
        ～ 省略 ～
    }

    void FixedUpdate()
    {
        ～ 省略 ～
    }
    // 跳跃
    public void Jump()
    {
        ～ 省略 ～
    }

    void OnTriggerEnter2D(Collider2D collision)
    {
        if (collision.gameObject.tag == "Goal")
        {
            Goal(); // 到达终点!
        }
        else if (collision.gameObject.tag == "Dead")
        {
            GameOver(); // 游戏失败!
        }
        else if (collision.gameObject.tag == "ScoreItem")
        {
            // 得分物品
            // 获取 ItemData
            ItemData item = collision.gameObject.GetComponent<ItemData>();
            // 得分
            score = item.value;

            // 删除物品
            Destroy(collision.gameObject);
        }
```

```
    }
    // 到达终点
    public void Goal()
    {
        ～　省略　～
    }
    // 游戏失败
    public void GameOver()
    {
        ～　省略　～
    }
    // 游戏停止
    void GameStop()
    {
        ～　省略　～
    }
}
```

◆ 1. 变量

增加了用来记录得分的 **score** 变量。添加了 **public** 以使其能被外部访问。

◆ 2. OnTriggerEnter2D 方法

在 **OnTriggerEnter2D** 方法中增加了对物品接触的检测。

如果 **tag** 为 "ScoreItem" 的话，就判断为得分物品，并进行下述处理。

● 通过 **GetComponent** 方法获取附着的 **ItemData** 脚本

● 将 **value** 记录到 **score** 中，然后将碰过的物品用 **Destroy** 方法删除

6.5.4　为游戏添加得分 UI

编辑 Canvas 的预制。

参阅：4.4.2 节。

通过层级视图的 "+" → "UI" → "Image" 将一个 Image 增加到 Canvas 上，名称改为 "ScoreBoard"。接下来通过 "+" → "UI" → "Text" 添加一个 Text，名称改为 "ScoreText"，并将其作为 ScoreBoard 的子对象，如图 6-51 所示。

选中 ScoreBoard，将 Image 的 "Source Image" 设为图像素材里的 "ScoreBoard"。将 ScoreBoard 的位置调整到画面的右上角，固定长宽比后适当调整其尺寸，如图 6-52 所示。

"Rect Transform" 选为右上固定，如图 6-53 所示。

图 6-51

接下来调整 ScoreBoard 的子对象 ScoreText 的大小，并通过 Text 进行文本设置。设置如下，如图 6-54 所示。

- Font Style：Bold。
- Font Size：64。
- Alignment：居中对齐。

图 6-52

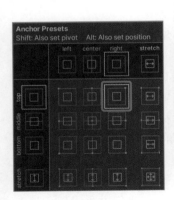

图 6-53

图 6-54

6.5.5　更新 GameManager 脚本

对 GameManager 脚本进行如下变更以对得分进行处理。

```csharp
using System.Collections;
using System.Collections.Generic;
using UnityEngine;
using UnityEngine.UI;    // 使用UI时必需

public class GameManager : MonoBehaviour
{
    ～ 省略 ～

    // +++ 增加得分 +++
    public GameObject scoreText;    // 得分文本
    public static int totalScore;    // 总得分
    public int stageScore = 0;       // 关卡得分

    // Start is called before the first frame update
    void Start()
    {
        ～ 省略 ～
        // +++ 增加得分 +++
        UpdateScore();
    }

    // Update is called once per frame
    void Update()
    {
        if (PlayerController.gameState == "gameclear")
        {
        // 游戏通关
        ～ 省略 ～
        // +++ 增加时间限制 +++
        if (timeCnt != null)
        {
            timeCnt.isTimeOver = true;  // 停止计时
            // +++ 增加得分 +++
            // 通过代入整数来舍去小数
            int time = (int)timeCnt.displayTime;
            totalScore += time * 10;    // 将剩余时间转换并计入得分
        }

        // +++ 增加得分 +++
        totalScore += stageScore;
        stageScore = 0;
        UpdateScore();// 更新得分
    }
```

```
            else if (PlayerController.gameState == "gameover")
            {
                // 游戏失败
          ～  省略  ～
            }
            else if (PlayerController.gameState == "playing")
            {
                // 游戏中
                GameObject player = GameObject.FindGameObjectWithTag("Player");
                // 获取 PlayerController
                PlayerController playerCnt = player.GetComponent<PlayerController>();
                // +++ 增加时间限制 +++
                // 更新计时器
                if (timeCnt != null)
                {
                  ～  省略  ～
                }

                // +++ 增加得分 +++
                if(playerCnt.score != 0)
                {
                    stageScore += playerCnt.score;
                    playerCnt.score = 0;
                    UpdateScore();
                }
            }
        }
        // 隐藏图像
        void InactiveImage()
        {
            mainImage.SetActive(false);
        }

        // +++ 增加得分 +++
        void UpdateScore()
        {
            int score = stageScore + totalScore;
            scoreText.GetComponent<Text>().text = score.ToString();
        }
    }
```

◆ 1. 变量

一共增加了 3 个变量。**scoreText** 是配置在 UI 中的文本的游戏物体。之后需要在 Unity 编辑器中通过拖放 ScoreText 来设置，如图 6-55 所示。

totalScore 变量是整个游戏中的得分。场景切换后也需要保持，因此将其设为 **static** 变量。

参阅：4.5.12 节的小贴士 "不会消失的 static 变量"。

图 6-55

stageScore 是用来保存当前关卡得分的变量。

◆ 2. Start 方法

在 Start 方法中调用了 UpdateScore 方法。UpdateScore 方法是在 GameManager 内部定义的一个新的方法，通过它来对得分进行更新。详细后述。

◆ 3. Update 方法

在 Update 方法中，获取附着在 Player 上的 PlayerController，得到 score 变量的值，如果不为 0，就进行如下处理：

- 将这个值加到 stageScore 变量上去。
- 将 PlayerController 的 score 变量的值设为 0。

这样，下一帧中就不用再进行同样的加算处理。

之后，通过调用 UpdateScore 方法来刷新得分显示。游戏通关时，将剩余时间的 10 倍作为附加得分加到 totalScore 变量上，同时将 stageScore 变量也加到 totalScore 变量上去。因此仅当游戏关卡通关时，总得分才会增加。

◆ 4. UpdateScore 方法

用 UpdateScore 方法来更新得分。将 stageScore 变量和 totalScore 变量相加后用 ToString 方法转换为字符串，再通过 scoreText 显示出来。stageScore 变量的值在每次获得物品的时候就会累加，而 totalScore 变量则仅在关卡通关时才会累加。因此在文本中只更新显示本关卡中获得的分数。

增加结果界面

接下来要开发的是通关全部游戏关卡后会显示的 result（结果）界面。

与标题界面场景一样，我们新建一个结果界面场景，取名"Result"，并将它加入编译列表，如图 6-56 所示。

参阅：6.2.1 节。

图 6-56

6.6.1 制作结果界面的 UI

需要放置到结果界面中的元素包括背景图像、返回标题界面按钮，以及展示得分用的文本。

参阅：5.1 节。

◆ **1. 配置背景图像**

依次选择"+"→"UI"→"Image"，将 Canvas 和 Image 添加到场景中。

接下来将 Canvas 组件的"Render Mode"设置为"Screen Space-Camera"，然后在选中层级视图中的"Canvas"的状态下，点住"Main Camera"，将其拖放到检视视图的"Render Camera"文本框中。

接下来需要将"title_back"图像素材从项目视图中拖放到 Image (Script) 组件上。此时，可以根据画面适当来调整图像的大小，如图 6-57 所示。

◆ **2. 配置返回标题界面按钮**

接下来需要配置的是换回标题界面用的按钮。

参阅：5.1.3 节。

将项目视图中的 button 图像设置为 Button 的 Image 组件。通过单击"Set Native Size"按钮调整按钮的尺寸，并将其位置调整到中央下部附近，如图 6-58 所示。

接下来将按钮下面的 Text (Script) 组件中的"Text"替换为"返回标题界面"，并做如下变更，如图 6-59 所示。

- Font Style：Bold。
- Font Size：55。

◆ **3. 配置得分**

通过选择"+"→"UI"→"Image"，新增一个 Image，并改名为"ScoreBoard"。将 Image 组件的"Source Image"设定为"ScoreBoard"图像素材。

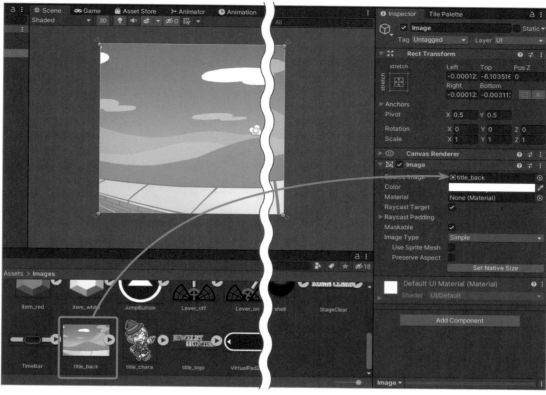

图 6-57

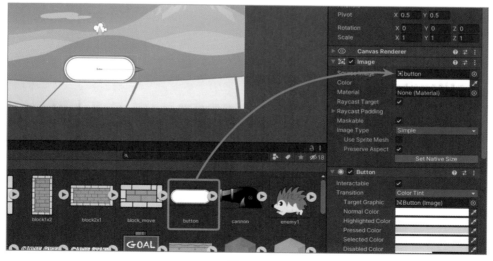

图 6-58

图 6-59

接下来增加一个 Text，并将其设为 ScoreBoard 的子对象。名称改为 "ScoreText"，并适当调整其位置和大小，如图 6-60 所示。

图 6-60

6.6.2 编写展示总得分的脚本

到此为止就完成了 UI。接下来编写展示总得分的脚本。如下新建一个 ResultManager

脚本，并将其附着到 Canvas 上。

```
using System.Collections;
using System.Collections.Generic;
using UnityEngine;
using UnityEngine.UI;

public class ResultManager : MonoBehaviour
{
    public GameObject scoreText;

    // Start is called before the first frame update
    void Start()
    {
        scoreText.GetComponent<Text>().text = GameManager.totalScore.ToString();
    }

    // Update is called once per frame
    void Update()
    {

    }
}
```

变更处一共只有 3 行，高亮显示。

增加了用于处理 UI 的一行"using UnityEngine.UI;"。另外，为了显示得分，增加了一个 GameObject 类型的 scoreText 变量，并为其添加 public 关键字。通过 ToString 方法，将属于 static 变量的 GameManager 类中的 totalScore 变量转换成文本赋给了它。

做完这一步后，需要用 Unity 编辑器设置 scoreText 变量。这样在 Result 场景中就可以显示游戏中的总得分了。

6.6.3 从结果界面跳转回标题界面

最后，需要实现"单击'返回标题'按钮，就会跳转回 Title 场景"的功能。脚本直接利用 ChangeScene 脚本。

参阅：6.2.7 节。

将 ChangeScene 脚本附着到按钮上，并将 ChangeScene 的 Load 方法设定为按钮的事件。在 ChangeScene 的"Scene Name"里需要输入标题场景的名称"Title"，如图 6-61 所示。

至此，整个 Side View 游戏的系统就完成了。接下来要开发的是用于实现游戏机关的各种游戏物体。打开 BaseScene 场景来开发游戏机关。

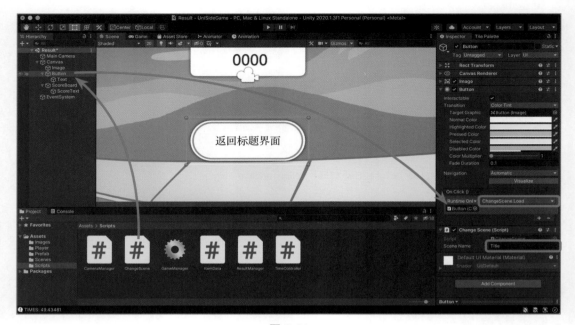

图 6-61

Chapter 7

第 7 章
为游戏增加机关

下载完整的数据

本章制作的项目的完整数据，可以通过网址 https://www.shoeisha.co.jp/book/download/ 3607/read 下载。

7.1 制作带伤害块体

带伤害块体是一种游戏物体，一旦角色碰到它，游戏就会失败。它的制作方法很简单。把开发游戏失败的碰撞体积时用到的"Dead"标签设定到这个游戏物体上即可。这里再加上下面的机制，如图 7-1 所示。

- 带伤害的地面的外观是针状。
- 从左侧或右侧触碰不会造成伤害。与一般的墙壁无异。
- 从上方触碰就会造成伤害（游戏直接失败）。

从上方触碰就会造成伤害

从左侧或右侧触碰不会造成伤害

图 7-1

7.1.1 制作针状的带伤害块体

将带伤害的地面的图像素材"needle"拖放到场景视图中，生成一个新的游戏物体。为了不让它被背景遮蔽，将 Sprite Renderer 组件的"Order in Layer"设为 2，如图 7-2 所示。

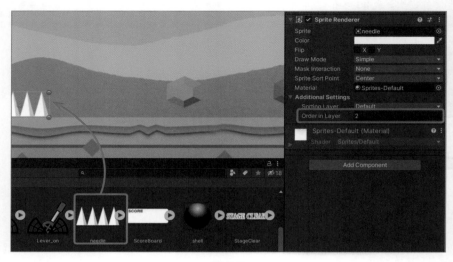

图 7-2

7.1.2 针状块体的组件

为图像素材附着两个 Box Collider 2D，呈墙壁状配置到左右两侧，如图 7-3 所示。

然后从层级视图中选择"Create Empty"，新建一个空游戏物体，并将其设为"needle"的子对象。名称设定为"DeadObject"，如图 7-4 所示。

图 7-3

图 7-4

将 Box Collider 2D 附着到 DeadObject 上，并选中"Is Trigger"，如图 7-5 所示。然后将此 DeadObject 的标签选定为"Dead"。

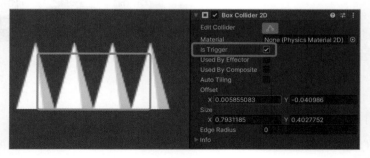

图 7-5

最后将带伤害的地面从层级视图中拖放到项目视图的 Prefab 文件夹中，把它预制。这样就能够量产带伤害的地面了。

7.1.3　制作掉落的带伤害块体

接下来制作从天上掉下来压扁玩家的带伤害块体。当块体在地面上时，作为机关的一部分，可以推动块体改变位置，也可以把块体作为踏脚台使用，如图 7-6 所示。

图 7-6

这里的游戏物体使用"block1x1"的图像素材。名称设为"GimmickBlock"。

为了不使块体被背景遮挡，需要把 Sprite Renderer 组件的"Order in Layer"设为 2。此外，为了让玩家角色能够站在上面，需要把 Layer 选定为"Ground"，如图 7-7 所示。

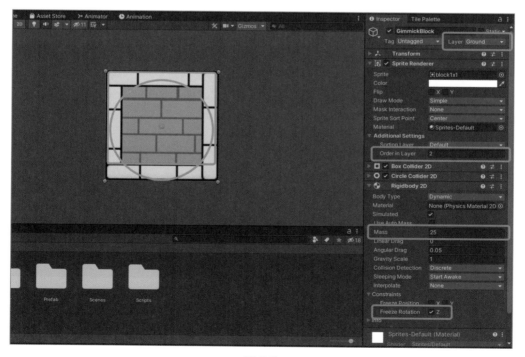

图 7-7

7.1.4　设置碰撞体积

块体附着一个 Box Collider 2D 和一个 Circle Collider 2D，其中 Box Collider 2D 的范围需要从底面稍微往上调整一点。Box Collider 2D 是让玩家角色可以站在上面的碰撞体积，Circle Collider 2D 则是与地面接触用的碰撞体积。之所以要将与地面接触用的碰撞体积设置成圆形，是因为希望在推动它的时候尽可能地平滑移动，而不要卡到什么地方。

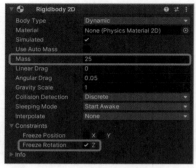

图 7-8

接下来在块体上附着一个 Rigidbody 2D 组件，这样就可以使其下落或者被玩家角色推动了。为了防止在推动的过程中发生滚动，需要选上 Rigidbody 2D 组件的"Freeze Rotation Z"，并将"Mass"调整为 25。Mass 是用来设置质量（重量）的。这样就可以营造出推动重物的手感，如图 7-8 所示。

接下来需要加上用来压扁玩家的碰撞体积。和之前的针状块体同样，做一个空游戏物体，把它拖放到 GimmickBlock 上成为它的子物体，并命名为"DeadObject"。

将 Box Collider 2D 附着到 DeadObject 上，并将其位置调整为从块体的底面稍微突出一些，选中"Is Trigger"选项。将其标签选定为"Dead"，就能够实现在块体坠落的时候，如果砸到了玩家角色就会触发游戏失败，如图 7-9 所示。

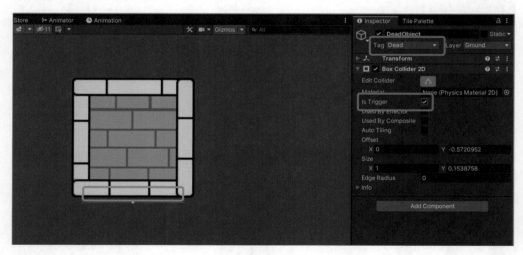

图 7-9

7.1.5　添加彩色图标

GimmickBlock 从外观上来看与一般的块体是一样的，很难区分。这种情况下可以为对象添加彩色图标。

在检视视图的名称的左侧有个图标，如图 7-10 所示。可以通过下拉菜单来设置图标。

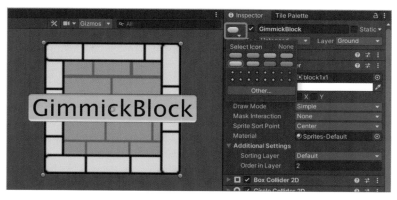

图 7-10

由于这个图标在游戏实际运行的时候是不会显示出来的，所以在用到空游戏物体的时候也可以灵活运用。

现在，如果块体在半空中的话，就会掉下来，砸到玩家游戏就会失败；块体在地面上则可以被玩家推动。

7.1.6 编写会掉落的带伤害块体的脚本

将 GimmickBlock 添加到脚本中，在脚本中会增添以下功能，如图 7-11 所示。

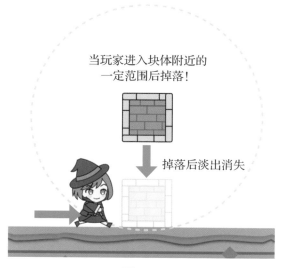

当玩家进入块体附近的
一定范围后掉落！

掉落后淡出消失

图 7-11

- 当玩家靠近到一定距离时自动掉落。
- 掉落后淡出消失（是否消失由旗标管理）。

编写如下的"GimmickBlock"脚本，并将其附着到 GimmickBlock 上去，如图 7-12 所示。变更处高亮显示。

```
using System.Collections;
using System.Collections.Generic;
using UnityEngine;

public class GimmickBlock : MonoBehaviour
{
    public float length = 0.0f;        // 自动掉落检测距离
    public bool isDelete = false;      // 掉落后删除的旗标

    bool isFell = false;               // 掉落的旗标
    float fadeTime = 0.5f;             // 淡出时间

    // Start is called before the first frame update
    void Start()
    {
        // 停止Rigidbody2D的物理行为
        Rigidbody2D rbody = GetComponent<Rigidbody2D>();
        rbody.bodyType = RigidbodyType2D.Static;
    }
    // Update is called once per frame
    void Update()
    {
        GameObject player =
        GameObject.FindGameObjectWithTag("Player"); // 寻找玩家
        if (player != null)
        {
            // 计算和玩家间的距离
            float d = Vector2.Distance(
                transform.position, player.transform.position);
            if (length >= d)
            {
                Rigidbody2D rbody = GetComponent<Rigidbody2D>();
                if (rbody.bodyType == RigidbodyType2D.Static)
                {
                    // 启动Rigidbody2D的物理行为
                    rbody.bodyType = RigidbodyType2D.Dynamic;
                }
            }
        }
        if (isFell)
        {
            // 已掉落
            // 改变透明度使其淡出
            fadeTime -= Time.deltaTime; // 减去和前一帧的时间差（秒）
```

```
        Color col = GetComponent<SpriteRenderer>().color;    // 获取颜色
        col.a = fadeTime;    // 改变透明度
        GetComponent<SpriteRenderer>().color = col; // 重新设置颜色
        if (fadeTime <= 0.0f)
        {
            // 小于0（透明）就删除消失
            Destroy(gameObject);
        }
    }
}

    // 开始接触
    void OnCollisionEnter2D(Collider2D collision)
    {
        if (isDelete)
        {
            isFell = true;   // 设置掉落的旗标
        }
    }
}
```

图 7-12

◆ 1. 变量

带有 **public** 的 2 个变量分别用于判定掉落的块体与玩家角色间的距离和决定掉落后是

否删除旗标。后面的 isFell 和 fadeTime 变量则是分别用于判断是否已经掉落旗标和计算块体从掉落后到消失为止的时间。后文在用到它们的时候会详细介绍。

◆ 2. Start 方法

在 Start 方法中，用 GetComponent 方法获取 Rigidbody2D，然后通过将 bodyType 设定为 RigidbodyType2d.Static 来暂时让物理仿真无效化。这样这个块体就不会受重力影响下落，也处于不能被推动的状态。

◆ 3. Update 方法

在 Update 方法中，用 FindGameObjectWithTag 方法来获取玩家的游戏物体，并计算和它相距的距离。另外，Vector2.Distance 方法是用来计算参数的 2 点（2 个 Vector2）间的距离用的。

如果距离小于等于由 length 规定的距离，则将 Rigidbody2D 的 bodyType 重新设置为 RigidbodyType2D.Dynamic，使物理仿真有效化。于是该块体就会受到重力而下落，并处于可以推动的状态。

如果 isFell 旗标为 true，就取得用于设定 Sprite Renderer 组件的颜色的 Color，重新设置透明度。Color 中有 r（红色）、g（绿色）、b（蓝色）。和 a（不透明度）4 个参数，可以取 0 ～ 1.0 的值。

通过从 a 中减掉经过时间的差值（秒），使其逐渐接近 0，小于 0（透明）后就调用 Destroy 方法将块体本身从场景中删除。之前在做删除玩家角色的处理时使用了动画数据，本次则试着用脚本来达到同样效果。

Destroy 方法的用法是，在经过由第二参数所指定的时间后，删除由第一参数指定的 GameObject。第二参数可以省略，如果不特别指定的话就默认为 0。在本脚本中，由于这里的 GameObject 指的是块体本身，所以就会将自身从场景中删除。

◆ 4. OnCollisionEnter2D 方法

OnCollisionEnter2D 方法是在 Collider 的 "Is Trigger" 为 Off 的情况下，当产生物体接触的时候调用的方法。当 isDelete 旗标为 true 时，如果在块体的底面上设置的 Box Collider 2D 接触到任何物体，isFell 就会变成 true，于是在 Update 方法中就会进行删除处理。

做完这一步，为了便于今后重复使用，将 GimmickBlock 预制。

7.2 制作移动的地面块体

接下来要开发的机关是能够载着玩家角色移动的"移动地面"。通过设置脚本的参数，能够指定移动的距离和时间，还可以实现"常时移动"和"玩家站上去后才开始移动"等功能，如图 7-13 所示。

玩家站上去后开始
移动

在一定区间内左右
移动

玩家离开后就停止
移动

图 7-13

7.2.1　制作移动地面的游戏物体

　　移动地面用的图像素材是" block_move "。将图像素材从项目视图中配置到场景视图中，生成一个新的游戏物体，取名为" MovingBlock "，如图 7-14 所示。

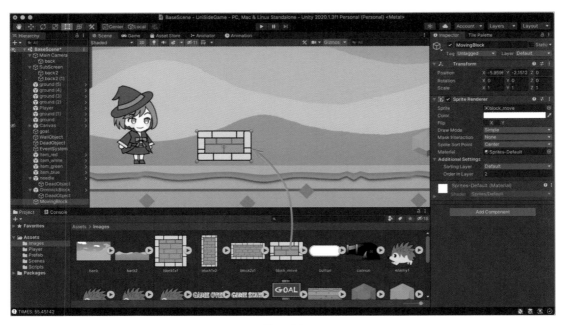

图 7-14

　　组件的设定与一般的地面一样。将" Layer "指定为" Ground "，Sprite Renderer 的" Order in Layer "设为 2，并附着一个 Box Collider 2D，如图 7-15 所示。另外，由于该移动地面不会因物理处理而产生移动，因此没有必要附着 Rigidbody 2D。

图 7-15

7.2.2　编写移动块体的脚本

接下来编写控制移动地面的脚本。脚本的名称设为"MovingBlock"。脚本文件生成后，将其附着到移动地面的游戏物体上，然后打开这个 MovingBlock 脚本。

下面是 MovingBlock 脚本的内容。更新部分高亮显示。

```
using System.Collections;
using System.Collections.Generic;
using UnityEngine;

public class MovingBlock : MonoBehaviour
{
    public float moveX = 0.0f;          // X移动距离
    public float moveY = 0.0f;          // Y移动距离
    public float times = 0.0f;          // 时间
    public float weight = 0.0f;         // 停止时间
    public bool isMoveWhenOn = false;   // 站上去后开始移动的旗标

    public bool isCanMove = true;       // 移动的旗标
    float perDX;                        // 1帧的X移动量
    float perDY;                        // 1帧的Y移动量
    Vector3 defPos;                     // 初始位置
    bool isReverse = false;             // 反转用的旗标

    // Start is called before the first frame update
    void Start()
    {
        // 初始位置
        defPos = transform.position;
```

```
            // 获取1帧的移动时间
            float timestep = Time.fixedDeltaTime;
            // 1帧的X移动量
            perDX = moveX / (1.0f / timestep * times);
            // 1帧的Y移动量
            perDY = moveY / (1.0f / timestep * times);

            if (isMoveWhenOn)
            {
                // 站上去后才会移动，因此一开始不动
                isCanMove = false;
            }
        }
    }

    // Update is called once per frame
    void Update()
    {

    }

    private void FixedUpdate()
    {
        if (isCanMove)
        {
            // 移动中
            float x = transform.position.x;
            float y = transform.position.y;
            bool endX = false;
            bool endY = false;
            if (isReverse)
            {
                // 反方向移动中……
                // 移动量为正，移动位置比初始位置小
                // 或者移动量为负，移动位置比初始位置大
                if ((perDX >= 0.0f && x <= defPos.x) || (perDX < 0.0f && x >= defPos.x))
                {
                    // 移动量为+
                    endX = true;    // X方向的移动结束
                }
                if ((perDY >= 0.0f && y <= defPos.y) || (perDY < 0.0f && y >= defPos.y))
                {
                    endY = true;    // Y方向的移动结束
                }
                // 移动地面
                transform.Translate(new Vector3(-perDX, -perDY, defPos.z));
            }
            else
            {
                // 正方向移动中……
                // 移动量为正，位置比初始+移动距离要大
```

```
            // 或者移动量为负，位置比初始+移动距离要小
            if ((perDX >= 0.0f && x >= defPos.x + moveX) ||
            (perDX < 0.0f && x <= defPos.x + moveX))
            {
                endX = true;    // X 方向的移动结束
            }
            if ((perDY >= 0.0f && y >= defPos.y + moveY)
                || (perDY < 0.0f && y <= defPos.y + moveY))
            {
                endY = true;     // Y 方向的移动结束
            }
            // 移动地面
            Vector3 v = new Vector3(perDX, perDY, defPos.z);
            transform.Translate(v);
        }

        if (endX && endY)
        {
            // 移动结束
            if (isReverse)
            {
                // 在回到正方向移动之前先返回初始位置，如果不这么做的话就会产生错位
                transform.position = defPos;
            }
            isReverse = !isReverse; // 翻转旗标
            isCanMove = false;      // 降下移动的旗标
            if (isMoveWhenOn == false)
            {
                // 站上去后开始移动的旗标 OFF
                Invoke("Move", weight);  // 延迟一段时间后升起移动的旗标
            }
        }
    }
}

// 升起移动的旗标
public void Move()
{
    isCanMove = true;
}

// 降下移动的旗标
public void Stop()
{
    isCanMove = false;
}

// 开始接触
private void OnCollisionEnter2D(Collision2D collision)
{
```

```
        if(collision.gameObject.tag == "Player")
        {
            // 如果发生接触的是玩家，就将其作为移动地面的子对象
            collision.transform.SetParent(transform);
            if (isMoveWhenOn)
            {
                // 站上去后开始移动的旗标 ON
                isCanMove = true;    // 升起移动的旗标
            }
        }
    }
    // 脱离接触
    private void OnCollisionExit2D(Collision2D collision)
    {
        if (collision.gameObject.tag == "Player")
        {
            // 如果发生接触的是玩家，就将其移除出移动地面的子对象
            collision.transform.SetParent(null);
        }
    }
}
```

1. 变量

前面带有 **public** 的变量用来从检视视图里指定移动地面的 X 方向和 Y 方向上的移动距离和移动时间。停止时间是从地面的移动结束后到再次开始移动需要等待的时间。移动地面将在停止 **weight** 秒后开始反方向的移动。

isMoveWhenOn 旗标用于设置地面是否当玩家站上去后才开始移动。如果它为 **true**，则当玩家站上去后地面才会开始移动。

isCanMove 旗标用于使地面移动。如果它为 **true**，则在 **FixedUpdate** 方法中通过改变位置使地面移动。

接下来的变量都是用来进行移动中的控制的。**perDX** 和 **perDY** 计算并保存了 1 帧的移动距离。**defPos** 是移动地面的初始位置，也是往复运动的基准位置。**isReverse** 是用来指示地面是在正方向移动还是反方向移动的旗标，**isReverse** 为 **true** 表示地面在反方向移动。

2. Start 方法

将移动地面的初始位置保存在 **defPos** 变量中。这个位置会成为往返移动的基准位置。

在 **Time** 类的 **fixedDeltaTime** 的里面记录了 **FixedUpdate** 方法的调用间隔时间（秒）。把它赋给 **timestep** 变量，从移动时间计算出 X 方向和 Y 方向的 1 帧的移动距离。

isMoveWhenOn（当玩家站上去后才开始移动的旗标）为 **true** 时，由于一开始不可以自动移动，所以将 **isCanMove** 设为了 **false**。

3. FixedUpdate 方法

FixedUpdate 方法在 **isCanMove** 旗标为 **true** 的时候进行处理。这里以 1 帧的移动量对

移动地面进行移动。

在移动时使用了 **Translate** 方法，该方法通过参数 **Vector3** 来指定 Transform 组件的 **Position**，也即位置的移动量。这里将 **Start** 方法中计算得出的 1 帧的移动量 **perDX** 和 **perDY** 指定为参数，在反方向移动的时候通过添加负号来使移动方向反转。

当位置达到移动位置时就停止移动，并等待 **weight** 时长（秒），然后反转方向，再次开始移动。该处理通过 **Invoke** 方法实现对 **Move** 方法的延迟调用。

在地面再次开始移动的条件中，加上了" **isMoveWhenOn** 旗标为 **false**"这一条。这样当移动地面停止时，如果 **isMoveWhenOn** 为 true，则地面不会自动重新开始移动。

◆ 4.OnCollisionEnter2D 方法 /OnCollisionExit2D 方法

本次的重点是 **OnCollisionEnter2D** 和 **OnCollisionExit2D** 两个方法中进行的处理。

小贴士

判定物体碰撞体积的方法

OnCollisionEnter2D、**OnCollisionStay2D** 和 **OnCollisionExit2D** 这 3 个方法是当没有选中"Is Trigger"的碰撞体积与其他碰撞体积开始接触、持续接触和脱离接触时调用的方法，其参数 **collision** 变量为受到接触的碰撞体积。本次由于不需要用到 **OnCollisionStay2D** 方法（持续接触），所以没有涉及该方法。

触碰到移动地面的玩家会成为移动地面的子对象，脱离接触的时候则不再是子对象。这是因为玩家角色是依照物理行为来移动的。因此如果什么也不做的话，当移动地面产生移动时其上面承载的游戏物体就会发生错位并掉下来。将其作为子对象，站上去后就可以随着移动地面一起移动了，不会发生错位，如图 7-16 所示。

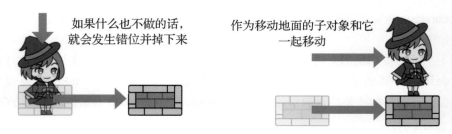

图 7-16

SetParent 是 Transform 组件（**Transform** 类）自带的方法，将自身设为参数指定的其他 Transform 的子对象。如果将本方法的参数设为 **null**（什么也没有），则可以解除父子关系。

```
collision.transform.SetParent(transform);
```

这里的 `collision.transform` 为接触到移动地面的游戏物体（即玩家角色），将自身（移动地面）的 `Transform` 作为参数传递给 `SetParent` 方法，因此玩家角色就成为了移动地面的子对象。

当 `isMoveWhenOn` 为 `true` 时，把在 `Start` 方法中暂时设为 `false` 的 `isCanMove` 旗标设为 `true`。这样，当玩家角色踩上移动地面时就会开始移动了。

◆ 5.Move 方法 /Stop 方法

`Move` 和 `Stop` 方法将 `isCanMove` 分别设为 On 和 Off 来控制移动地面的移动。为了在 `Invoke` 中调用而将其作为方法来实现，同时在后面的制作与移动块体联动的开关中也会用到，因此添加了 `public`。

这样就完成了移动块体。为了重复使用，需要将 MovingBlock 预制。

7.2.3　移动块体的用法

接下来我们来测试下移动地面。保存脚本回到 Unity。

从 Prefab 文件夹中取出两个移动地面配置到场景中，对其中一个移动地面的检视视图中的 Moving Block (Script) 参数做如下设置，如图 7-17 所示。

- Move Y（Y 的移动）：4。
- Times（时间）：3。
- Weight（停止时间）：1。

此外，不要勾选"Is Move When On"复选框。这样，根据以上设置，移动地面会一直重复：向上移动 4 并停止 1s，再向下移动 4 并停止 1s。

对另一个移动地面，将"Move X"（X 的移动）设为 4，"Times"（时间）设为 3，"Weight"（停止时间）设为 1，同时选中"Is Move When On"复选框，如图 7-18 所示。根据此设置，移动地面会在玩家角色站上去后向右移动 4 然后停止。当玩家角色再次站上去之后会向左移动 4 然后停止。

图 7-17

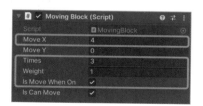

图 7-18

当对"Move X"和"Move Y"都指定了正值的时候，移动地面会朝右上方移动。如果输入了负值，则会朝着左下方移动。

7.3 制作与移动块体联动的开关

接下来制作一个开关，用来操纵刚才做好的块体。如果移动块体能够从外部控制的话，那么游戏关卡中可以实现的机关的范围就更广了。开关采用玩家触碰到后就会被扳动的控制杆式。

7.3.1 制作开关的游戏物体

将图像素材"Lever_off"配置到场景视图中，新建一个游戏物体。名称设为"Switch"。为了今后做区分，给它指定一个"Switch"标签。

参阅：4.3.5 节"区分游戏物体的手段（标签）"。

将 Sprite Renderer 的"Order in Layer"设为 2，附着一个 Box Collider 2D 组件，并选中"Is Trigger"选项，如图 7-19 所示。

图 7-19

7.3.2 编写开关的脚本

接下来编写用来控制开关的脚本。新建一个 SwitchAction 脚本，并将其附着到 Switch 上去。

```
using System.Collections;
using System.Collections.Generic;
using UnityEngine;

public class SwitchAction : MonoBehaviour
{
    public GameObject targetMoveBlock;
    public Sprite imageOn;
    public Sprite imageOff;
    public bool on = false;      // 开关的状态 (true：按下了。false：未按下。)

    // Start is called before the first frame update
    void Start()
    {
        if (on)
        {
            GetComponent<SpriteRenderer>().sprite = imageOn;
        }
        else
        {
            GetComponent<SpriteRenderer>().sprite = imageOff;
        }
    }


    // Update is called once per frame
    void Update()
    {

    }
    // 开始接触
    void OnTriggerEnter2D(Collider2D col)
    {
        if (col.gameObject.tag == "Player")
        {
            if (on)
            {
                on = false;
                GetComponent<SpriteRenderer>().sprite = imageOff;
                MovingBlock movBlock = targetMoveBlock.GetComponent<MovingBlock>();
                movBlock.Stop();
            }
            else
            {
                on = true;
                GetComponent<SpriteRenderer>().sprite = imageOn;
                MovingBlock movBlock = targetMoveBlock.GetComponent<MovingBlock>();
                movBlock.Move();
            }
        }
    }
}
```

◆ 1. 变量

一共有 4 个带有 `public` 的变量。

`targetMoveBlock` 是本开关控制的对象，即移动块体的游戏物体。后续在检视视图中设置。
`imageOn` 和 `imageOff` 分别是指定开关 On 和 Off 时显示的图像素材的变量。
`on` 是用来表示本开关是否被扳动的旗标。`true` 表示开关被扳动，`false` 表示开关没被扳动。

◆ 2. `Start` 方法

在 `Start` 方法中确认 `on` 旗标的状态，通过替换 Sprite Renderer 组件的 sprite 来切换显示。

◆ 3. `OnTriggerEnter2D` 方法

在 `OnTriggerEnter2D` 方法中，确认了在玩家接触到开关的时候，它是 On 还是 Off（`on` 变量）。如果 `on` 旗标为 `true`，则切换显示 `imageOff` 的图像，并调用 `MovingBlock` 类的 `Stop` 方法。如果 `on` 旗标为 `false`，则切换显示 `imageOn` 的图像，并调用 `MovingBlock` 类的 `Move` 方法。如此便可以控制移动块体了。

做完这一步，将图像素材中的 "Lever_on" 和 "Lever_off" 通过拖放分别设定为检视视图中 Switch Action (Script) 的 "Image On" 和 "Image Off"，如图 7-20 所示。

图 7-20

在这里，可以先不必指定 Target Move Block。做到这里，将 Switch 预制。

7.3.3 开关的用法

为了使用 Switch，先要在场景中配置 MovingBlock 和 Switch，如图 7-21 所示。

配置好后需要设置 MovingBlock 的参数。当选择用开关来控制块体移动的时候，不要勾选"Is Move When On"和"Is Can Move"这两个选项，如图 7-22 所示。

图 7-21

图 7-22

接着选中 Switch，在检视视图中将其设置为控制对象 MovingBlock 的 Switch Action (Script) 中的"Target Move Block"。同时清除"On"复选框，如图 7-23 所示。

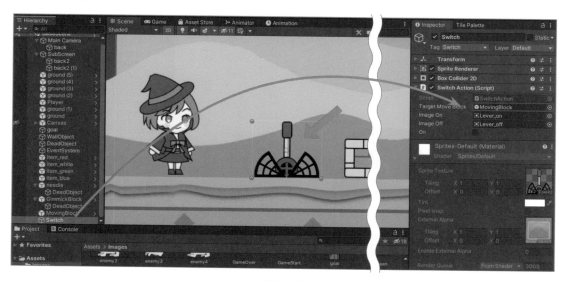

图 7-23

这样启动游戏后，当玩家角色触碰到开关，移动块体就会开始移动，再触碰一次开关就会停止，如图 7-24 所示。

图 7-24

制作固定炮台

固定炮台是一种游戏物体，将一门大炮固定在游戏关卡中，定时发射炮弹。如果炮弹打到玩家角色的话游戏就失败了。

7.4.1　制作固定炮台的游戏物体

从项目视图中将 "cannon" 拖放到场景视图中，新建一个游戏物体。固定炮台本身和地面是一样的。可以认为唯一的区别只在于图像不同。将 Sprite Renderer 的 "Order in Layer" 设为 2，Layer 选为 "Ground"。然后附着一个 Box Collider 2D 组件，如图 7-25 所示。

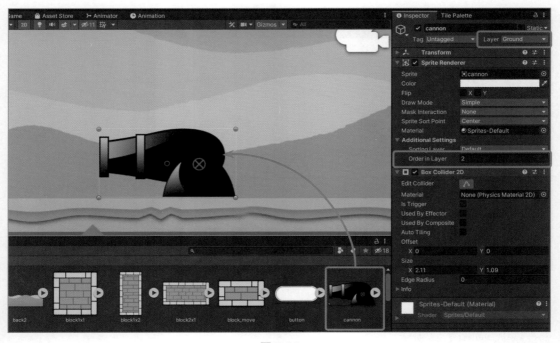

图 7-25

炮台做好后，将作为炮口（游戏物体）添加为它的子对象。通过"Create Empty"新建一个空对象，并把它设为 cannon 的子对象。名称设为"gate"。将 gate 的位置调整到炮台左边稍微偏外侧一点的位置。为了便于操作可以使用工具栏中的平移工具。

空对象从外观上基本什么都看不见，难以辨认。此时可以灵活为其附加彩色图标，如图 7-26 所示。

参阅：7.1.5 节。

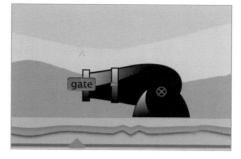

图 7-26

7.4.2　编写固定炮台的脚本

接下来编写发射炮弹的脚本。新建一个 CannonController 脚本，输入以下内容，并将其附着到 cannon 上（变更处高亮显示）。

```
using System.Collections;
using System.Collections.Generic;
using UnityEngine;

public class CannonController : MonoBehaviour
{
    public GameObject objPrefab;          // 发射物的Prefab数据
    public float delayTime = 3.0f;        // 时间间隔
    public float fireSpeedX = -4.0f;      // 发射向量 X
    public float fireSpeedY = 0.0f;       // 发射向量 Y
    public float length = 8.0f;

    GameObject player;                    // 玩家
    GameObject gateObj;                   // 炮口
    float passedTimes = 0;                // 经过时间

    // Start is called before the first frame update
    void Start()
    {
        // 获取炮口对象
        Transform tr = transform.Find("gate");
        gateObj = tr.gameObject;
        // 玩家
        player = GameObject.FindGameObjectWithTag("Player");
    }

    // Update is called once per frame
    void Update()
    {
        // 发射时间判定
```

```
passedTimes += Time.deltaTime;
// 距离检查
if (CheckLength(player.transform.position))
{
    if (passedTimes > delayTime)
    {
        // 发射!
        passedTimes = 0;
        // 发射位置
        Vector3 pos = new Vector3(gateObj.transform.position.x,
                                   gateObj.transform.position.y,
                                   transform.position.z);
        // 从 Prefab 构建 GameObject
        GameObject obj = Instantiate(objPrefab, pos, Quaternion.identity);
        // 发射方向
        Rigidbody2D rbody = obj.GetComponent<Rigidbody2D>();
        Vector2 v = new Vector2(fireSpeedX, fireSpeedY);
        rbody.AddForce(v, ForceMode2D.Impulse);
    }
}


// 距离检查
bool CheckLength(Vector2 targetPos)
{
    bool ret = false;
    float d = Vector2.Distance(transform.position, targetPos);
    if (length >= d)
    {
        ret = true;
    }
    return ret;
}
}
```

◆ 1. 变量

objPrefab 变量代表从固定炮台发射的炮弹的游戏物体。之后会通过 Unity 进行设置，因此前面带有 **public**。

delayTime 是生成游戏物体的时间间隔，**passedTimes** 是计算时间间隔用的内部变量。

fireSpeedX 和 **fireSpeedY** 是用来设定生成的游戏物体速度的变量。**length** 变量是指定与玩家角色之间距离的变量，从该距离开始炮弹的发射。

player 是保存玩家角色的游戏物体的变量，**gateObj** 是保存之前作为子对象添加的炮口的游戏物体的变量。

◆ 2. Start 方法

在 Start 方法中，把炮口的游戏物体赋给了 **gateObj** 变量。通过 Transform 组件的

Find 方法，可以指定游戏物体的名称，并获取 Transform 组件。然后反过来通过 Transform 的 gameObject 变量获取炮口的游戏物体。

接下来用 FindGameObjectWithTag 方法获取玩家角色的游戏物体。

◆ 3.Update 方法

在 Update 方法中，利用 Time 类的 deltaTime 变量将自前一帧的经过时间加算到 passedTimes 上来计时。当这个值超过 delayTime 变量，并且玩家角色接近指定距离时，就发射炮弹。

用炮口 gateObj 的位置生成 Vector3，并利用 objPrefab 生成一个游戏物体。

◆ 4.CheckLength 方法

在 CheckLength 方法中，判定自身（固定炮台的游戏物体）与指定位置间的距离，如果该距离小于等于 length 变量的话就返回 true，否则就返回 false。

两点间的距离可以通过 Vector2 的 Distance 方法来计算。将想要计算距离的两个位置（Vector2 数据）作为参数传给 Distance 方法，就会返回两者间的距离。Vector2 只对 x 和 y 对象有效，本质上与 Vector3 是一样的。

7.4.3　用脚本生成游戏物体

Instantiate 方法用来从预制生成游戏物体。之前是通过配置场景视图来生成游戏物体，而使用 Instantiate 方法可以直接通过脚本生成游戏物体。

此方法的第一参数为对象的预制，第二参数为配置的位置，第三参数为旋转值。用于指定位置的 Vector3 是通过三维坐标来表示位置的。Quaternion 是用来表示三维空间旋转的。Quaterion.identity 指的是不旋转。

可以用如下方法指定旋转。比如，想绕着 Z 轴进行 45° 旋转时，可以使用 Euler 方法，第三参数（Z 轴）指定为 45.0f。

```
Quaternion.Euler(0.0f, 0.0f, 45.0f)
```

Instantiate 方法返回生成的游戏物体。用 Vector2 指定力的方向，施加力到该游戏物体的 Rigidbody2D 上来赋予其初速。

Instantiate 方法是使用频次很高的方法，请牢固掌握。

7.4.4　制作炮弹

接下来制作发射出来的炮弹。

将炮弹用的图像"shell"拖放到场景视图中生成一个游戏物体，tag 设为"Dead"。这样，当玩家角色被击中时游戏就会失败。

接下来，为炮弹新增一个叫作 Shell 的层。这个层的用法后述。

参阅：4.3.3 节。

将 Circle Collider 2D 和 Rigidbody 2D 附着上去，并将 Sprite Renderer 的"Order in Layer"设为 2。同时，需要选中 Circle Collider 2D 的"Is Trigger"，并将 Rigidbody 2D 的"Gravity Scale"设为 0，这样游戏物体就不受重力的影响，如图 7-27 所示。

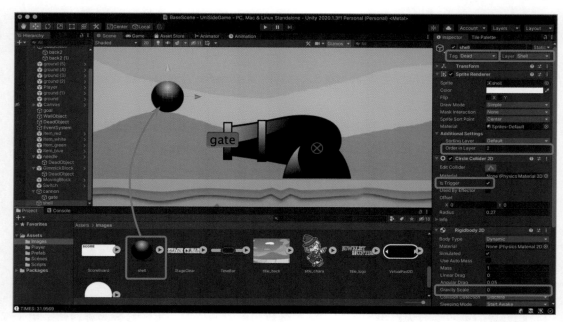

图 7-27

7.4.5　编写炮弹的脚本

新建 ShellController 脚本，输入以下内容，并将其附着到游戏物体上。

```
using System.Collections;
using System.Collections.Generic;
using UnityEngine;

public class ShellController : MonoBehaviour
{
    public float deleteTime = 3.0f;    // 指定删除的时间

    // Start is called before the first frame update
    void Start()
    {
        Destroy(gameObject, deleteTime);    // 指定删除
    }
}
```

```
    // Update is called once per frame
    void Update()
    {

    }

    void OnTriggerEnter2D(Collider2D collision)
    {
        Destroy(gameObject);    // 接触到任何物体就删除
    }
}
```

◆ 1. 变量

deleteTime 变量用于设置炮弹从发射到消失的时间。

◆ 2. Start 方法

在 Start 方法中，设置了炮弹从出现在场景中到被删除为止的时间。

在这里用到的 Destroy 方法中，第一参数指定要删除的游戏物体，第二参数指定删除前的等待时间（s）。这里经过由 deleteTime 指定的时间（初始值为 3s）后，将游戏物体自身删除。

◆ 3. OnTriggerEnter2D 方法

OnTriggerEnter2D 方法使得当有任何物体接触到炮弹时，炮弹就会立刻消失。

7.4.6 编辑层的接触设定

至此完成了可以发射的炮弹。但是现在还有一个问题，当炮弹从炮台的位置发射出来时，会被判定为"与炮台接触"，而立即消失。

为了避免这个问题，在 Unity 中可以个别设置层与层之间的碰撞判定。要改变层的接触设定，需要依次从菜单选择"Edit"→"Project Settings..."。这样会打开项目设置窗口。

从左边的标签中选择"Physics 2D"，在"Layer Collision Matrix"中罗列了各种层的名称，边上还有复选框。清除"Ground"和"Shell"的交叉点上的复选框，如图 7-28 所示。这样，属于"Ground"和"Shell"层的游戏物体之间就不会产生接触了。

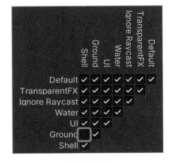

图 7-28

最后将游戏物体预制就行了。场景上炮弹的游戏物体已经完成了使命，将其删除。

选中场景视图中的"cannon"，将项目视图中的"shell"预制拖放到检视视图中的"Obj Prefab"中去，如图 7-29 所示。做完这一步后将 cannon 也预制。

图 7-29

如果将"Fire Speed X"设为负值，"Fire Speed Y"设为 0 的话，当玩家角色接近到指定距离后，大炮就会以一定的时间间隔向左方发射炮弹了，如图 7-30 所示。

图 7-30

7.5 制作来回活动的敌方角色

接下来要做的是到处跑来跑去的敌方角色，可以将它们理解成是会动的带伤害的地面。敌方角色会以下面的模式活动。

- 玩家角色碰到的话就游戏失败。
- 在一定的范围内来回活动。
- 碰到墙壁的话就 180° 转向。

另外，新建一个名为 Enemy 的文件夹，今后敌方角色都保存在这个文件夹中。

7.5.1 制作敌方角色

用 4 张图像来实现敌方角色的动画效果。将"enemy1 ～ enemy4"拖放到场景视图中以生成游戏物体和动画数据。游戏物体和动画效果都命名为"Enemy"。动画效果只需要做一个就可以了。

标签选为"Dead"，Sprite Renderer 组件的"Order in Layer"设为 2。需要附着的组件包括 Rigidbody 2D、Circle Collider 2D 和 Box Collider 2D 这 3 个。附着完成后，选中 Rigidbody 2D 的"Freeze Rotation Z"复选框以防止其旋转，如图 7-31 所示。

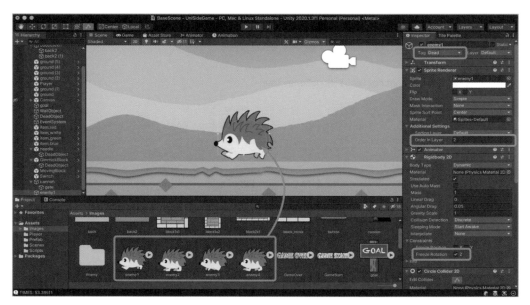

图 7-31

调整 Circle Collider 2D 和 Box Collider 2D 的位置。使 Box Collider 2D 包在 Circle Collider 2D 的外侧，并且选中 Box Collider 2D 的 Is Trigger 选项，如图 7-32 所示。Circle Collider 2D

提供玩家角色和地面之间的碰撞体积，Box Collider 2D 提供触发游戏失败事件的碰撞体积。

图 7-32

7.5.2 编写敌方角色的脚本（EnemyController）

新建一个名为 EnemyController 的脚本，并将其附着到游戏物体上去。

```
using System.Collections;
using System.Collections.Generic;
using UnityEngine;

public class EnemyController : MonoBehaviour
{
    public float speed = 3.0f;          // 移动速度
    public string direction = "left";   // 方向 right or left
    public float range = 0.0f;          // 活动范围
    Vector3 defPos;                     // 初始位置

    // Start is called before the first frame update
    void Start()
    {
        if (direction == "right")
        {
            transform.localScale = new Vector2(-1, 1);// 改变方向
        }
        // 初始位置
        defPos = transform.position;
    }

    // Update is called once per frame
    void Update()
    {
```

```
        if(range > 0.0f)
        {
            if(transform.position.x < defPos.x - (range / 2))
            {
                direction = "right";
                transform.localScale = new Vector2(-1, 1);// 改变方向
            }
            if (transform.position.x > defPos.x + (range / 2))
            {
                direction = "left";
                transform.localScale = new Vector2(1, 1);// 改变方向
            }
        }
    }

    void FixedUpdate()
    {
        // 更新速度
        // 获取 Rigidbody 2D
        Rigidbody2D  rbody = GetComponent<Rigidbody2D>();
        if(direction == "right")
        {
            rbody.velocity = new Vector2(speed, rbody.velocity.y);
        }
        else
        {
            rbody.velocity = new Vector2(-speed, rbody.velocity.y);
        }
    }

    // 接触
    private void OnTriggerEnter2D(Collider2D collision)
    {
        if (direction == "right")
        {
            direction = "left";
            transform.localScale = new Vector2(1, 1); // 改变方向
        }
        else
        {
            direction = "right";
            transform.localScale = new Vector2(-1, 1); // 改变方向
        }
    }
}
```

◆ 1. 变量

一共有 4 个变量。**speed** 和 **direction** 分别表示速度和方向。可以用来指定配置时的速度和方向。**range** 变量是用来指定以初始位置为基准的，敌方角色来回活动的范围。

Vector3 类型的 defPos 变量存储了配置时的初始位置，在更新跑动的方向时会用到。

◆ 2. Start 方法

在 Start 方法中如果 direction 为 "right" 则将 localScale 的 x 设为 −1，使其朝向发生翻转（图像原本是朝左的，因此会朝右）。最后将配置时的位置赋给 defPos。

◆ 3. Update 方法

在 Update 方法中，如果 range 不为 0，就根据当前位置与当前的方向来判断是否需要翻转。比如一开始的 if 语句，就判断了是否当前位置在初始位置的左侧，且已经移动过了 range 的一半长度。如果为 true，就将方向设为右。也就是说，将向左移动的对象翻转，使其向右。

同样，第二个 if 语句根据移动距离，将向右移动的对象翻转后改为向左。

◆ 4. FixedUpdate 方法

FixedUpdate 方法获取了 Rigidbody 2D 组件，更新了速度，来让敌方角色动起来。向左的时候 x 设为负值。

◆ 5. OnTriggerEnter2D 方法

当选中了 "Is Trigger" 的 Box Collider 2D 接触到了任何碰撞体积的时候，就会调用 OnTriggerEnter2D 方法。这里通过将 direction 的值取反来使其方向发生翻转。将 direction 的值重新设置后，在下一次调用 FixedUpdate 方法的时候就会朝着这个方向移动了。

脚本编写完成后，将游戏物体预制。

7.5.3　配置敌方角色试试

配置敌方角色，并将 Enemy Controller (Script) 的 "Speed" 设为 3，"Range" 设为 4，如图 7-33 所示。

启动游戏后，就会看到它会在配置位置的左侧 2、右侧 2 的范围内来来回回地活动，如图 7-34 所示。

图 7-33

图 7-34

7.6 为游戏添加声音

音乐是游戏不可或缺的元素。用 Unity 可以非常轻松地实现播放音乐和声音效果，即所谓的音效。

将下载好的示例数据中的 Sounds 文件夹拖放到项目视图中，如图 7-35 所示。

图 7-35

Unity 支持播放 .wav、.aiff、.mp3 等常用的音频数据格式。为了获取较好的播放效果，建议使用 .wav 和 .aiff 等非压缩的格式。在示例文件中准备了如下数据。

- BGM_game_00.wav：游戏中循环播放的 BGM。
- ME_Clear.mp3：游戏通关时的音效。
- ME_GameOver.mp3：游戏失败时的音效。

7.6.1 播放 BGM

用游戏画面中始终存在的 Canvas 来实现 BGM 的播放。选中 Canvas 的预制，进入可编辑状态，单击检视视图中的 "Add Component" 按钮。然后选择 "Audio" → "Audio Source"，如图 7-36 所示。这样就将 Audio Source 附着到了 GameManager 上。这是用来播放音效的组件。

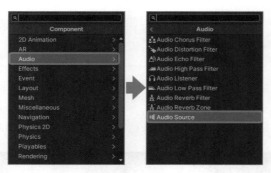

图 7-36

从项目视图中将"BGM_game_00"拖放到 Audio Source 的 Audio Clip 上，需要选中"Play On Awake"和"Loop"选项，如图 7-37 所示。这样在游戏启动的时候就会开始循环播放 BGM_game_00 了。

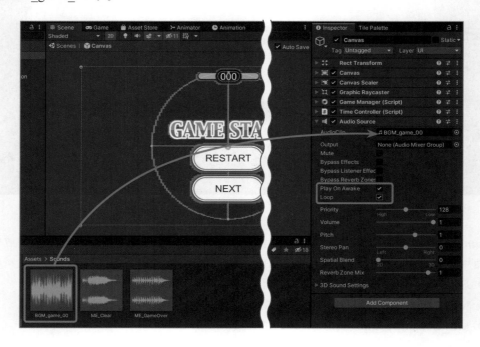

图 7-37

7.6.2 用程序控制音效的播放 / 停止

接下来实现在游戏通关或者游戏失败的时候，停止 BGM，并播放游戏通关和游戏失败的音效。更新 GameManager 脚本，高亮处为更改处。

```
using System.Collections;
using System.Collections.Generic;
using UnityEngine;
using UnityEngine.UI;    // 使用UI所必需

public class GameManager : MonoBehaviour
{
    ～  省略  ～

    // +++  添加音效播放  +++
    public AudioClip meGameOver;      // 游戏失败
    public AudioClip meGameClear;     // 游戏通关

    // Start is called before the first frame update
    void Start()
    {
            ～  省略  ～
    }

    // Update is called once per frame
    void Update()
    {
        if (PlayerController.gameState == "gameclear")
        {
            // 游戏通关

            ～  省略  ～

            // +++  添加音效播放  +++
            // 播放音效
            AudioSource soundPlayer = GetComponent<AudioSource>();
            if (soundPlayer != null)
            {
                // 停止BGM
                soundPlayer.Stop();
                soundPlayer.PlayOneShot(meGameClear);
            }
        }
        else if (PlayerController.gameState == "gameover")
        {
            // 游戏失败

            ～  省略  ～

            // +++  添加音效播放  +++
            // 播放音效
            AudioSource soundPlayer = GetComponent<AudioSource>();
            if (soundPlayer != null)
            {
```

```
                    // 停止 BGM
                    soundPlayer.Stop();
                    soundPlayer.PlayOneShot(meGameOver);
                }
            }
            else if (PlayerController.gameState == "playing")
            {
                // 游戏中

                ~ 省略 ~
            }
        }
        // 隐藏图像
        void InactiveImage()
        {
            mainImage.SetActive(false);
        }
        ~ 省略 ~
    }
```

◆ 1. 变量

增加了 2 个变量。**AudioClip** 代表添加到项目中的音效数据。后续需要在 Unity 中将游戏失败和游戏通关这两个音频数据登录到此处，如图 7-38 所示。

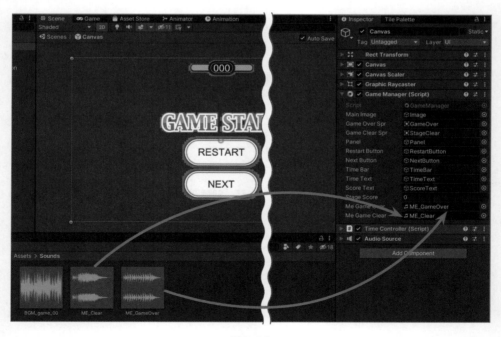

图 7-38

2.Update 方法

音效的播放和停止是通过附着在 GameManager 上的 Audio Source 组件来实现的。用 **GetComponent** 方法获取 Audio Source，再用 **Stop** 方法停止当前播放中的音效。可以用 **PlayOneShot** 方法仅仅播放一次参数中指定的音效，从而实现游戏失败和游戏通关时分别播放不同的音效。

用来播放音效的 Audio Source

Audio Source 提供了下面的方法。

- **Play()**：播放 Audio Clip 中设定的音频数据。
- **Stop()**：停止播放 Audio Clip 中设定的音频数据。
- **Pause()**：暂停播放 Audio Clip 中设定的音频数据。
- **UnPause()**：解除暂停播放 Audio Clip 中设定的音频数据。

此外，在播放音效的时候场景中还需要一个 Audio Listener 组件，如图 7-39 所示。它的作用和其名称一样，是用来听取声音的。不过一般来说，在新建场景时自带的 Main Camera 上会自动附着这个组件，因此无须手动添加。

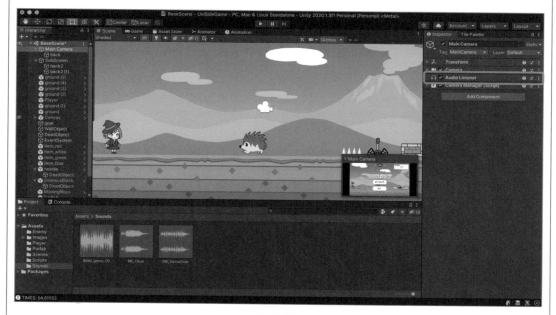

图 7-39

Audio Listener 组件附着在摄像机上的原因是在 3D 游戏中，从 3D 画面的某处发出的声音，需要朝向玩家的视角，也就是摄像机的方位，这样才能够实现立体声的效果。

7.7 支持触摸屏操作

此前一直假设使用计算机键盘来操控游戏。但是对于在智能手机上发行的游戏，无法使用键盘操作。因此要开发支持触摸屏操作的功能。

7.7.1 考虑对应智能手机的 UI

目前在游戏中实现的操作包括左右移动和跳跃。在触摸屏上，我们用下面的方法来实现这些操作，如图 7-40 所示。

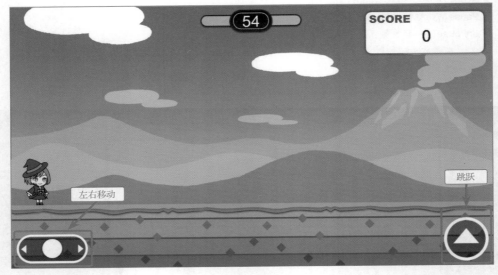

图 7-40

◆ 1. 左右移动
在画面的左下角显示的虚拟面板上，通过手指的触摸来实现角色的左右移动。

◆ 2. 跳跃
画面右下角设置一个跳跃按钮。通过单击按钮来实现跳跃。

7.7.2 更新 PlayerController 脚本

接下来更新 PlayController 脚本来实现触摸移动。更新的内容为增加了 2 个变量、增加了 **Update** 方法的输入处理，以及增加了能从外部调用的 **SetAxis** 方法。

```csharp
using System.Collections;
using System.Collections.Generic;
using UnityEngine;

public class PlayerController : MonoBehaviour
{
    ～ 省略 ～

    // 增加触控屏对应
    bool isMoving = false;

    // Start is called before the first frame update
    void Start()
    {
        ～ 省略 ～
    }

    // Update is called once per frame
    void Update()
    {
        if (gameState != "playing")
        {
            return;
        }
        // 移动
        if(isMoving == false)
        {
            // 检测水平方向的输入
            axisH = Input.GetAxisRaw("Horizontal");
        }

        // 方向调整
        if (axisH > 0.0f)
        {
            // 向右移动
            transform.localScale = new Vector2(1, 1);   // 右
        }
        else if (axisH < 0.0f)
        {
            // 向左移动
            transform.localScale = new Vector2(-1, 1);  // 左右翻转
        }
    }
    void FixedUpdate()
    {
        ～ 省略 ～
    }
    // 跳跃
    public void Jump()
    {
```

```
        ～ 省略 ～
    }
    // 开始接触
    void OnTriggerEnter2D(Collider2D collision)
    {
        ～ 省略 ～
    }
    // 到达终点
    public void Goal()
    {
        ～ 省略 ～
    }
    // 游戏失败
    public void GameOver()
    {
        ～ 省略 ～
    }
    // 游戏停止
    void GameStop()
    {
        ～ 省略 ～
    }

    // 增加触控屏对应
    public void SetAxis(float h, float v)
    {
        axisH = h;
        if(axisH == 0)
        {
            isMoving = false;
        }
        else
        {
            isMoving = true;
        }
    }
}
```

◆ 1. 变量

isMoving 是用来记录虚拟面板是否正在移动的旗标。如果它为 true，就无视来自 Input.GetAxisRaw 的键盘输入，以对应触控操作。

◆ 2. Update 方法

当 isMoving 变量为 false 时（虚拟面板不存在操作），则通过 if 语句使键盘输入有效。

◆ 3. SetAxis 方法

SetAxis 方法是由虚拟面板调用的方法。它取代 Input.GetAxisRaw 方法，将值赋给用

于横向移动的变量 `axisH`。

第二个参数 `float v` 在这里没有用到。由于在第三部分中开发的 top view 游戏也需要对应触摸板操作，因此预留了纵轴移动的参数。

7.7.3 更新 GameManager 类

在 `Update` 方法中增加了在游戏结束时隐藏操作 UI 的处理。此外还增加了 `Jump` 方法，在其中调用了 `PlayerController` 的 `Jump` 方法。

这是为了把对应操作 UI 的类都集中到 `GameManager` 类中，从而简化之后的工作。

```
using System.Collections;
using System.Collections.Generic;
using UnityEngine;
using UnityEngine.UI;    // 使用UI所必需

public class GameManager : MonoBehaviour
{
    ～  省略  ～

    // +++ 玩家操作 +++
    public GameObject inputUI;            // 操作UI面板

    // Start is called before the first frame update
    void Start()
    {
         ～  省略  ～
    }

     ～  省略  ～

    // Update is called once per frame
    void Update()
    {
        if (PlayerController.gameState == "gameclear")
        {
            ～  省略  ～

            // +++ 玩家操作 +++
            inputUI.SetActive(false);    // 隐藏操作UI
        }
        else if (PlayerController.gameState == "gameover")
        {
            ～  省略  ～

            // +++ 玩家操作 +++
            inputUI.SetActive(false);    // 隐藏操作UI
        }
```

```
        else if (PlayerController.gameState == "playing")
        {
            // 游戏中
            ～ 省略 ～
        }
    }
    // 隐藏图像
    void InactiveImage()
    {
    ～ 省略 ～
    }
    // +++ 增加得分 +++
    void UpdateScore()
    {
    ～ 省略 ～
    }

    // +++ 玩家操作 +++
    // 跳跃
    public void Jump()
    {
        GameObject player = GameObject.FindGameObjectWithTag("Player");
        PlayerController playerCnt = player.GetComponent<PlayerController>();
        playerCnt.Jump();
    }
}
```

7.7.4 设置跳跃按钮

使预制的 Canvas 处于编辑状态。依次单击层级视图的"+"→"UI"→"Button",如图 7-41 所示。为 Canvas 的"Prefab"新建一个按钮对象,将按钮的名称改为"JumpButton"。

将按钮移到画面的右下角,并将"JumpButton"拖放到 Image (Script) 的"Source Image"上,单击"Set Native Size",并调节按钮的尺寸至合适的大小。选中"Preserve Aspect"选项以固定长宽比,如图 7-42 所示。

图 7-41

接下来,通过检视视图中的"Rect Transform"将按钮的位置指定为右下固定,如图 7-43 所示。

由于跳跃按钮只显示图像,因此,将 Button 下面的 Text 设为空白,或者直接删除。

图 7-42

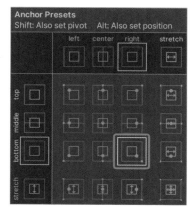

图 7-43

7.7.5　为跳跃按钮指定事件

配置好跳跃按钮，接下来需要实现"单击按钮后玩家角色就会跳起"这一功能。

之前在做"RESTART"按钮和"NEXT"按钮的时候，采用了在 Button (Script) 组件中设置游戏物体的方法。Button (Script) 组件是在先按下按钮后再松开的时候才反应，而跳跃按钮需要在按下的时候就反应，因此要用到名为 Event Trigger 的组件。

选中"JumpButton"，单击检视视图的"Add Component"按钮，依次选择"Event"→"Event Trigger"，如图 7-44 所示。这样就添加了一个叫作 Event Trigger 的组件，用来接受各种事件。

接下来单击"Add New Event Type"按钮，从弹出的列表中选择"PointerDown"。这样就能够接受单击按钮的瞬时的事件。随后的工作与先前为按钮指定游戏物体和方法是一样的。单击"+"按钮增加一条列表项，如图 7-45 所示。

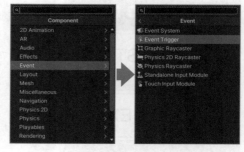

图 7-44

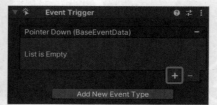

图 7-45

接下来为跳跃按钮指定 GameObject 和方法。按下跳跃按钮时需要调用的方法是之前为 GameManager 类增加的 Jump 方法。选择"JumpButton"，将层级视图中的"Canvas"拖放到"None (Object)"上，如图 7-46 所示。并从"None Function"下拉菜单中选择"GameManager"→"Jump ()"。这样实现了通过按下按钮让玩家角色跳起来。

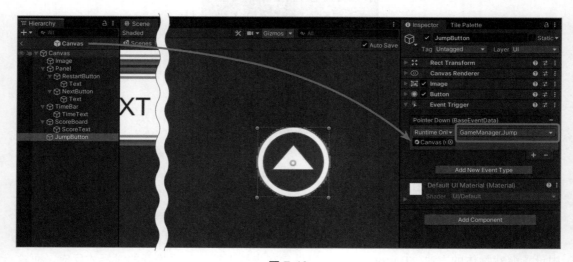

图 7-46

7.7.6　制作虚拟面板

接下来制作能够控制玩家角色左右移动的虚拟面板。

在层级视图中依次选择"＋"→"UI"→"Image"，为 Canvas 新增一个 Image 对象，名称改为"VirtualPadBase"。然后再添加一个 Image 对象作为其子对象，名称改为"VirtualPadBaseTab"。

VirtualPadBase 的图像设为"VirtualPad2D"，VirtualPadBaseTab 的图像设为"VirtualPadTab"。将 VirtualPadBaseTab 的"Rect Transform"的"Pox X"、"Pos Y"、"Pos Z"全部设为 0，并将其位置调整到父对象 VirtualPadBase 的中央如图 7-47 所示。

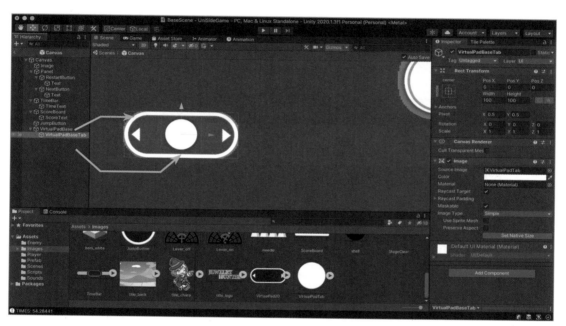

图 7-47

为了统一处理 JumpButton 和 VirtualPadBase，需要把它们放进同一个面板。依次选择层级视图中的"＋"→"UI"→"Panel"，为 Canvas 添加一个 Panel，名称改为"InputUI"。将 JumpButton 和 VirtualPadBase 拖放到该面板上成为其子对象。更改 InputUI 的颜色使其成为透明，如图 7-48 所示。

最后将 InputUI 面板拖放到附着于 Canvas 上的 GameManager 的 Input UI 上去，如图 7-49 所示。

7.7.7　编写虚拟面板的脚本（VirtualPad）

新建 VirtualPad 脚本，将其附着到 VirtualPadTab（圆形的）上去。VirtualPad 脚本在第 3 部分中的 Top View 游戏中还会用到，因此设置了纵横两个方向的输入。

图 7-48

图 7-49

```
using System.Collections;
using System.Collections.Generic;
using UnityEngine;
```

```
using UnityEngine.UI;

public class VirtualPad : MonoBehaviour
{
    public float MaxLength = 70;        // 标记的最大移动距离
    public bool is4DPad = false;        // 是否上下左右移动的旗标
    GameObject player;                  // 被操控的玩家的 GameObject
    Vector2 defPos;                     // 标记的初始坐标
    Vector2 downPos;                    // 触摸位置

    // Start is called before the first frame update
    void Start()
    {
        // 获取玩家角色
        player = GameObject.FindGameObjectWithTag("Player");
        // 标记的初始坐标
        defPos = GetComponent<RectTransform>().localPosition;
    }
    // Update is called once per frame
    void Update()
    {
    }

    // 按下的事件
    public void PadDown()
    {
        // 鼠标指针的屏幕坐标
        downPos = Input.mousePosition;
    }
    // 拖动的事件
    public void PadDrag()
    {
        // 鼠标指针的屏幕坐标
        Vector2 mousePosition = Input.mousePosition;
        // 计算标记的新位置
        Vector2 newTabPos = mousePosition - downPos;// 与鼠标按下的位置的差分
        if (is4DPad == false)
        {
            newTabPos.y = 0;  // 横向滚动时Y轴设为0
        }
        // 计算移动向量
        Vector2 axis = newTabPos.normalized; // 向量归一化
        // 计算2点的距离
        float len = Vector2.Distance(defPos, newTabPos);
        if (len > MaxLength)
        {
            // 超过距离限制，设为最大坐标
            newTabPos.x = axis.x * MaxLength;
            newTabPos.y = axis.y * MaxLength;
        }
```

```
            // 移动标记
            GetComponent<RectTransform>().localPosition = newTabPos;
            // 移动玩家角色
            PlayerController plcnt = player.GetComponent<PlayerController>();
            plcnt.SetAxis(axis.x, axis.y);
    }
    // 松开的事件
    public void PadUp()
    {
            // 重置标记的位置
            GetComponent<RectTransform>().localPosition = defPos;
            // 停止玩家角色
            PlayerController plcnt = player.GetComponent<PlayerController>();
            plcnt.SetAxis(0, 0);
    }
}
```

因为涉及 UI，所以别忘了加上"`using UnityEngine.UI;`"。

◆ **1. 变量**

有 2 个附带了 **public** 的新变量。

MaxLength 变量是标记的最大移动距离，在 Unity 编辑器中进行设置。**is4DPad** 是用于对应 Top View 游戏操作的旗标，如果它为 false 就表示"Side View 游戏"。

player、**defPos** 和 **downPos** 变量分别用来存储玩家角色的游戏物体、标记的初始位置和操作标记时单击的位置。

◆ **2. Start 变量**

保存了玩家角色的游戏物体和标记的初始位置。

下面的 3 个方法是用来控制虚拟面板左右操作的方法。因为需要从外部调用，所以加上了 **public**。

◆ **3. PadDown 方法**

PadDown 方法是当标记被点到的时候调用的方法，它会将单击的位置保存在变量中。

◆ **4. PadDrag 方法**

PadDrag 方法是当标记被拖动的时候调用的方法。

将标记移动到拖动的位置，通过标记移动的角度，在 0 ~ 1.0 之间的范围中计算出玩家角色移动的纵轴和横轴的值。然后调用玩家角色的 **PlayerController** 类的 **SetAxis** 方法，实现相应的移动。

此外，当标记的移动范围超出 **MaxLength** 的时候，会对移动距离进行限制。

◆ **5. PadUp 方法**

PadUp 方法是当标记被松开的时候调用的方法。**PadUp** 方法将标记重置为 **Start** 方法中保存的初始位置，并调用玩家角色的 **PlayerController** 类的 **SetAxis** 方法，使其停止移动。

◆ 6.附着组件

将几个组件附着到 VirtualPadBase 的子对象 VirtualPadBaseTab 上去。

单击"Add Component"按钮，选择"Event"→"Event Trigger"，添加一个 Event Trigger 组件。然后再单击"Add New Event Type"，分别增加 3 个 Point Dow、Drag，和 Pointer Up，如图 7-50 所示。Pointer Down 获取鼠标按下的事件，Drag 获取鼠标拖动的事件，Pointer Up 获取鼠标松开的事件。

单击 Point Dow、Drag，和 Pointer Up 的"+"按钮增加列表项，为其添加事件。将层级视图中的"VirtualPadBaseTab"拖放到 None (Object) 上。

接下来从 Pointer Down、Drag，和 Pointer Up 的下拉菜单中分别选择"VirtualPad"→"PadDown ()"、"VirtualPad"→"PadDrag ()"，和"VirtualPad"→"PadUp ()"，如图 7-51 所示。

图 7-50

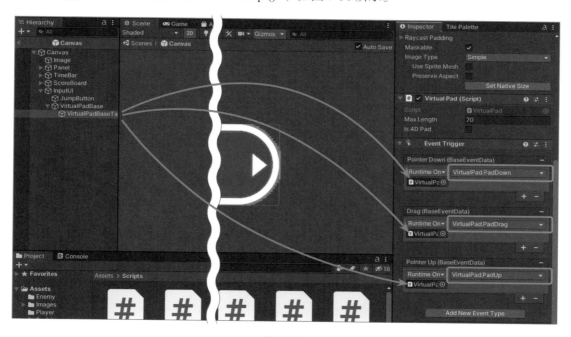

图 7-51

将游戏安装到智能手机上时，就可以通过触摸屏实现角色的移动，并通过跳跃按钮实现跳跃操作了。

现在就完成了 Side View 游戏所需的全部机制。接下来就请参考游戏示例，自由地开发游戏关卡吧。

开发 Top View 游戏

在第三部分中我们要开发 Top View 类型的动作游戏。Top View 游戏允许我们上下左右移动角色，视角为俯瞰视角。Top View 游戏中用到的游戏开发方法包括：

- 贴片地图的制作方法。
- 多重精灵。
- 射击要素。
- 跨场景的数据交换。

Chapter 8

第 8 章
开发 Top View 动作游戏的基础系统

8.1 启动游戏示例

Top View 游戏 "DUNGEON SHOOTER" 的示例项目，可从 https://www.shoeisha.co.jp/book/download/3608/read 下载并解压缩。

用 Unity 打开下载好的示例项目。单击 Unity Hub 的项目标签栏中的 "打开" 按钮，选择 "DungeonShooter"，单击右下角的 "打开" 按钮，将该项目添加到 Unity Hub 中去。

参阅：4.2.1 节。

单击列表项，打开游戏项目，单击启动按钮启动游戏，如图 8-1 所示。可以看到标题界面，同时播放着 BGM。单击 "GAME START" 按钮就可以开始游戏。游戏开始后，画面会显示文字 "GAME START"。游戏是从世界地图的游戏关卡开始的。玩家可以拾取散布于地图上的物品，同时朝着地牢前进，还可以拾取箭矢来对付敌人，如图 8-2 所示。

图 8-1

图 8-2

进入地牢后，到达最后的房间就可以看到boss已经在那里等着玩家了，如图8-3所示。

击倒boss后，用钥匙打开深处的大门，进去后就显示"GAME CLEAR!"，游戏通关并回到标题界面，如图8-4所示。

图 8-3   图 8-4

 **Top View 游戏的构成与新建**

8.2.1　什么是 Top View 游戏

Top View游戏是指从正上方向下看游戏世界的一种游戏系统。角色可以朝着上下左右4个方向或者是360°的任意方向移动，常见于角色扮演类游戏。本书将要开发的是Top View游戏的其中一种——带有探索元素的射击动作类游戏，它由以下几部分构成。

◆ **1. 地图**

地图分为世界地图和地牢内部地图，通过贴片地图机制制作出来。

◆ **2. 玩家角色**

指玩家操控的游戏角色。玩家角色可以使用弓矢攻击敌人。玩家角色有HP（生命值）的概念，受到攻击后HP就会减少，HP减到0后游戏就失败了。

◆ **3. 道具（钥匙和箭矢）**

在地图上配置了道具，玩家可以获取这些东西。道具分为箭矢、钥匙和生命。箭矢是用于攻击的道具，钥匙是用来进入地牢地图的道具，而生命则是用来恢复HP的道具。

◆ **4. 大门和出入口**

在Side View游戏中，玩家角色必定是从最开始配置的地方，也就是画面的左端开始活动的。而在Top View游戏中，玩家角色则是从地图的出入口位置开始活动的。出入口用大门来进行阻隔，用钥匙可以打开大门。

5. 敌方角色

敌方角色平时处于静止状态，当玩家角色靠近到一定距离时开始活动，并朝着玩家角色的方向靠近。碰到玩家角色后就会造成伤害，减去玩家角色的生命值。当被玩家角色的箭矢射中后就会被击倒并消失。

8.2.2　新建项目

新建一个用于开发 Top View 游戏的项目。这里使用"UniTopGame"作为名称来新建一个 2D 游戏的项目，读者也可以自行定义项目的名称，如图 8-5 所示。

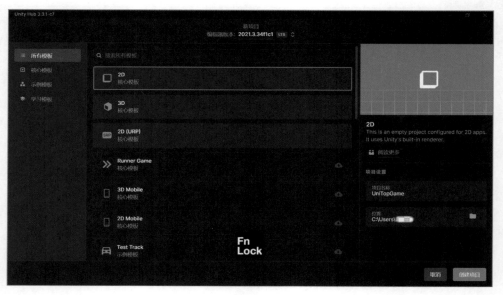

图 8-5

参阅：2.1 节。

以"WorldMap"为名新建一个场景并保存，同时添加到编译列表中，如图 8-6 所示。

参阅：2.2.12 节。

将下载好的 Top View 游戏用的图像和音频登录到项目中。将 Assets 文件夹中的 Images 文件夹和 Sounds 文件夹拖放进来以登录到项目中，如图 8-7 所示。

图 8-6

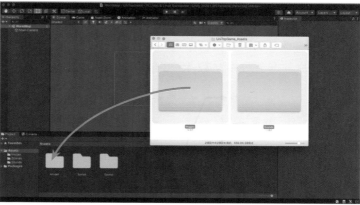

图 8-7

8.3 使用贴片地图开发游戏画面

8.3.1 了解贴片地图

贴片地图由如图 8-8 所示的要素构成。

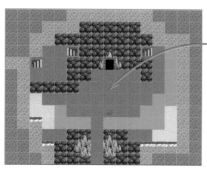

贴片地图
利用贴片调色板中的贴片素材来配置贴片地图

贴片调色板
贴片素材整理在贴片调色板中

贴片素材
用精灵制作贴片素材

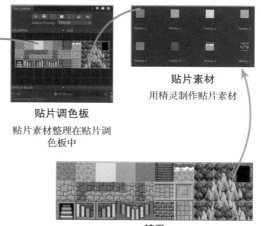

精灵
图像素材

图 8-8

精灵是一种图像素材，基于它可以制作出贴片素材，通过整理贴片素材可以得到贴片调色板。利用整理在贴片调色板中的贴片素材可以配置出贴片地图。

8.3.2 制作多重精灵

从先前登录的图像素材中选择"TileMap"。此图像是一种点阵图，一张图中含有好几个地图贴片。每个贴片为 32 × 32 像素，全部贴片由图 8-9 的素材构成。

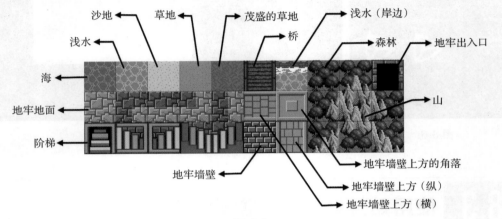

图 8-9

从项目视图中选择图像素材，查看检视视图。可以发现"Sprite Mode"的下拉菜单显示为"Single"。将其变更为"Multiple"。这样就可以从一张图片中分割出多个图片了。

另外还要将"Pixels Per Unit"设置为 32。Pixels Per Unit 指的是游戏里的 1m 相当于图像上多少个像素。默认值为 100，也就是说 100 像素相当于 1m。把这个数字改小的话游戏中的显示就会变大。由于一个贴片的大小为 32×32 像素，因此这里设为 32。

另外，由于本次使用的是点阵图，还需要进行相关设置。如果不做设置的话，当图像的分辨率较小时，Unity 会对图像的边缘进行插值处理，反而会让图像显得模糊。将"Filter Mode"改为"Point (no filter)"，这样点阵图的边缘就会显得很清晰。

做完这一步后，单击右下角的"Apply"按钮以应用更改，如图 8-10 所示。

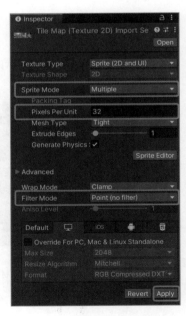

图 8-10

◆ 使用 Sprite Editor 进行编辑

单击"Sprite Editor"按钮，打开 Sprite Editor 窗口。该窗口是用于将一张图片切割成多张图片的编辑窗口。

打开 Sprite Editor 窗口后，单击左上角的"Slice"按钮，来对图片自动分割进行设置，如图 8-11 所示。

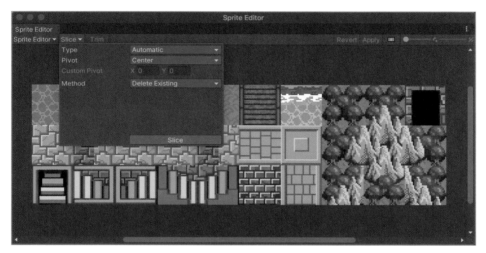

图 8-11

先看一下"Pivot"项目。这是以前也用到过的图像的基准点（pivot）。将图像的"Sprite Mode"设为"Multiple"后，在切割图像的时候需要设置基准点。不过本次不需要做任何变更，维持原来的"Center"就可以了。

接下来是"Type"项目。该设置用于决定图像如何进行分割。Type 项中有"Automatic""Grid By Cell Size""Grid By Cell Count"3 种选择。

"Automatic"指的是让 Sprite Editor 来决定图像的分割。这会考虑各个图像的透明部分，自动地将图像切割成合适的大小，如图 8-12 所示。

"Grid By Cell Size"指的是将图像切割成指定的大小。以"X"为宽度，"Y"为高度，将图像切割成固定尺寸，如图 8-13 所示。

图 8-12

图 8-13

"Grid By Cell Count"指的是将图像切割成指定的行列数。"C"为纵向（列）数，"R"为横向（行）数，如图 8-14 所示。

由于贴片地图的图像为 32×32 像素，因此选择"Grid By Cell Size"，"X"设为 32，"Y"也设为 32。做完这一步，单击下面的"Slice"按钮进行图像分割。

最后，单击 Sprite Editor 窗口右上角的"Apply"按钮以应用更改，如图 8-15 所示。

图 8-14

图 8-15

同时，可以通过单击切割出来的各个精灵来查看精灵的设定面板，调整详细的尺寸和名称等，如图 8-16 所示。

图 8-16

在项目视图中单击图像右侧的按钮就能显示分割的图像。这些图像每一个都相当于之前使用的单张图片。因为使用 Grid By Cell Size 来将图像切割成 32×32 像素，所以从原始图像的左上角到右下角一共生成了 30 个图像文件，编号为 0～29，如图 8-17 所示。

在制作贴片地图的时候，会像这样生成很多文件。为了便于整理，新建一个 Map 文件夹，把数据都保存在里面。另外，要把 TileMap 图像素材本身也转移到 Map 文件夹里面。

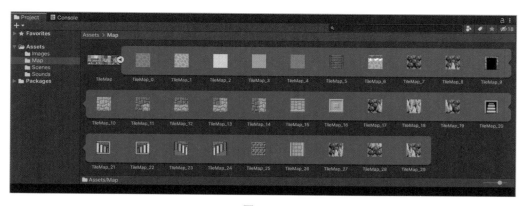

图 8-17

8.3.3　制作贴片素材

接下来利用贴片调色板来制作贴片素材。依次单击菜单的"Window"→"2D"→"Tile Palette"来打开 Tile Palette 窗口，如图 8-18 所示。

Tile Palette 窗口用于选择需要配置到贴片地图中的贴片，详情后述。先来制作用于处理贴片素材的贴片调色板的数据。

单击左上角的"Create New Palette"，会显示一个用于指定新贴片调色板的面板，命名为"StageMap"，单击"Create"按钮将其保存到 Map 文件夹中，如图 8-19 所示。保存贴片地图信息的文件如图 8-20 所示。

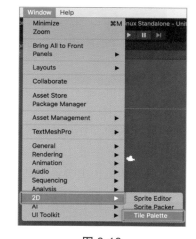

图 8-18

图 8-19

图 8-20

Tile Palette 窗口，在原始状态（单独窗口状态）下容易遮挡其他部件，因此可以将其拖放到检视视图的旁边，使其成为 Unity 窗口中的一个标签栏。当然也可以把它放到场景视图或者层级视图中，不过还是像图 8-21 那样把它放到检视视图中最为方便。

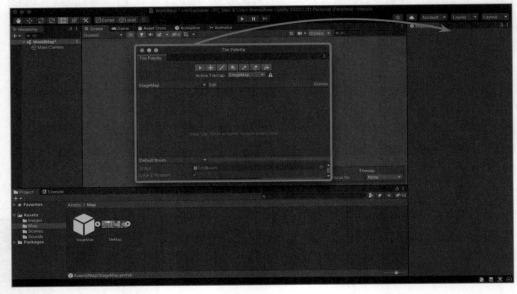

图 8-21

接下来将"TileMap"图像从项目视图中拖放到贴片调色板上，如图 8-22 所示。这样就会弹出一个用来选择贴片素材文件保存路径的对话框，这里选择 Map 文件夹。

贴片调色板中会显示贴片，并以贴片素材的文件保存，如图 8-23 所示。

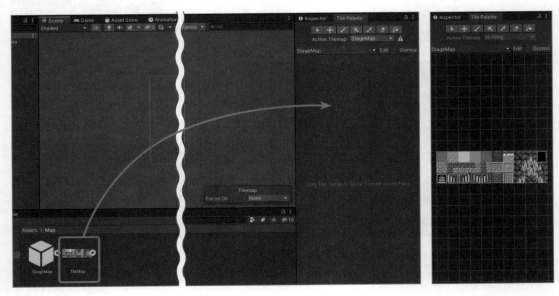

图 8-22   图 8-23

8.3.4　制作贴片地图

现在已经准备好了配置到贴片地图中的图像和贴片，接下来可以开始在场景中制作作为配置对象的贴片地图了。在层级视图中依次选择"+"→"2D Object"→"Tilemap"→"Rectangular"，如图 8-24 所示。

这样在层级视图中就添加了一个名为"Grid"的游戏物体，同时它还自带一个子对象"Tilemap"。选中"Grid"或者"Tilemap"后，场景视图中就会显示网格。在贴片地图中放置贴片的位置如图 8-25 所示。

图 8-24

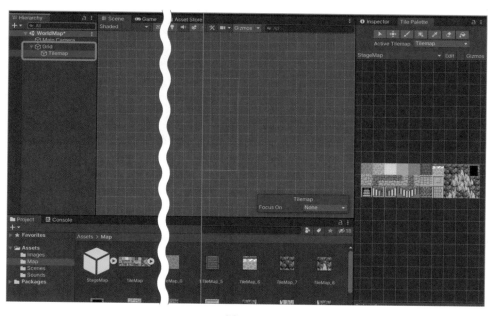

图 8-25

重叠多个贴片地图

选中 Tilemap 看一下检视视图。可以看到一个叫作 Tilemap Renderer 的组件。这相当于精灵的 Sprite Renderer。

与 Sprite Renderer 类似，在 Tilemap Renderer 中也有一个"Order in Layer"项目，如图 8-26 所示。本次只用了一张 Tilemap，但其实 Unity 能够重叠多张贴片地图。通过在层级视图中依次选择"+"→"2D Object"→"Tilemap"→"Rectangular"，就可以配置任意数量的贴片地图。制作多张贴片地图，并通过"Order in Layer"指定显示的优先级，就可以做出多层地图了。

图 8-26

8.3.5　将贴片素材配置到贴片地图中

接下来使用贴片调色板来将贴片配置到地图中。

首先制作世界地图。在 Tile Palette 窗口中，选择排列的贴片中左上角的"海"的贴片，然后点选工具栏中的笔刷，如图 8-27 所示。

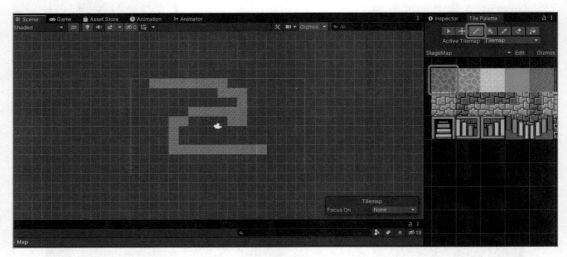

图 8-27

在场景视图中按住鼠标左键不放并拖动鼠标，就可以沿着网格放置选中的贴片了。

◆ 1. Tile Palette 工具栏

在 Tile Palette 窗口的上方，有一排用于在贴片地图中配置贴片素材的工具。可以通过切换使用这些工具来配置贴片地图，如图 8-28 所示。

图 8-28

从左侧开始依次介绍。每个图标都有对应的快捷键（在括号中）。在显示贴片调色板的前提下按下这个按键，就可以切换工具。

- 选择（S）：选择贴片地图上的贴片，可以通过拖动鼠标来多选。
- 移动（M）：移动贴片地图中被选中的贴片。

- 笔刷（B）：将调色板中选中的贴片通过单击（拖动）配置到贴片地图中。
- 矩形（U）：将调色板中选中的贴片配置到贴片地图中选定的矩形范围内。
- 吸管（I）：选取贴片地图中被单击位置上的贴片，作为配置对象的贴片。
- 删除（D）：删除贴片地图中被单击位置上的贴片。
- 填色（G）：用调色板中选中的贴片铺满整个贴片地图。

◆ 2. 贴片的旋转配置

在放置贴片的时候，按键盘上的"]"键可以顺时针 90° 旋转贴片，按"["键则可以逆时针 90° 旋转贴片。比如在配置"桥"的时候，桥的图像是纵向的，通过按"]"按键或者"["按键就可以配置出横向的桥了，如图 8-29 所示。

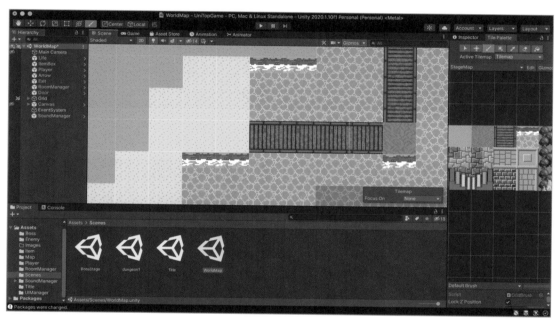

图 8-29

◆ 3. 制作地图

接下来就可以使用贴片来自由地编辑地图了。海中岛屿的世界地图和地牢的地图如图 8-30 和图 8-31 所示，之后会通过设计出入口来实现不同场景之间的交互移动。

做完了这一步，将海中岛屿的世界地图命名为"WorldMap"并保存场景，同时将地牢命名为"dungeon1"并保存场景。

另外，不要忘了将做好的场景添加到 Build Settings 中去。

参阅：2.2.12 节。

图 8-30

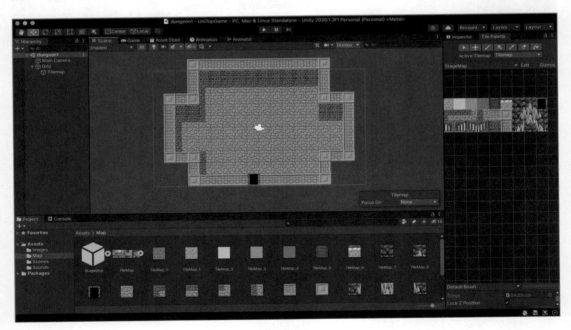

图 8-31

8.3.6 为贴片地图添加碰撞体积

地图完成后，接下来需要制作的是后面玩家角色接触时的碰撞体积。Tilemap Collider 2D 组件就是贴片地图用的碰撞体积。

在层级视图中选择"Tilemap"，单击检视视图中的"Add Component"，并依次选择"Tilemap"→"Tilemap Collider 2D"，如图 8-32 所示。

这样就为贴片地图添加了碰撞体积。如果接下来不做调整的话整个地面部分都会被附上碰撞体积，因此需要进一步操作。

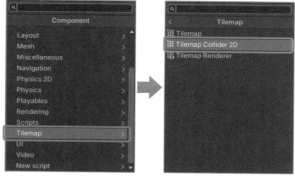

◆ 1. 调整碰撞体积

图 8-32

刚才为整个贴片地图设置了碰撞体积，其实碰撞体积是可以为各个贴片单独设置的。

选择项目视图中的贴片素材，可以看到在检视视图中有一项名为"Collider Type"的下拉菜单，如图 8-33 所示。

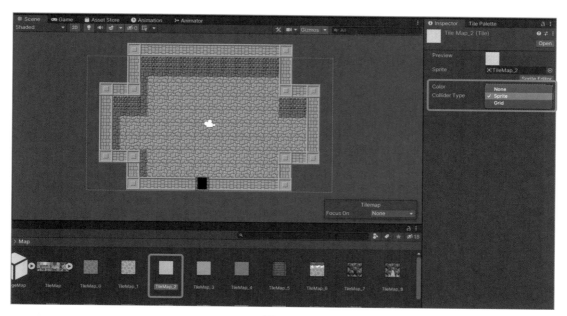

图 8-33

这里可以选择碰撞体积的类型。

- None：完全没有碰撞体积。
- Sprite：将碰撞体积设为精灵（图像）的形状。透明部分不设置碰撞体积。

● Grid：贴片的矩形将成为碰撞体积。

需要取消碰撞体积的有沙地、草地、茂盛的草地、桥，以及地牢地面，如图 8-34 所示。将这些贴片的"Collider Type"设为"None"。

◆ 2. 任意形状的碰撞体积

选择"Collider Type"为"Sprite"的贴片，单击"Sprite Editor"按钮打开 Sprite Editor 窗口。这里选中的是地牢出入口的贴片"TileMap_9"，如图 8-35 所示。

图 8-34   图 8-35

从 Sprite Editor 窗口左上角的下拉菜单中选择"Custom Physics Shape"，通过路径来设置碰撞体积，这样就可以对玩家进入出入口的方向来进行限制，如图 8-36 所示。

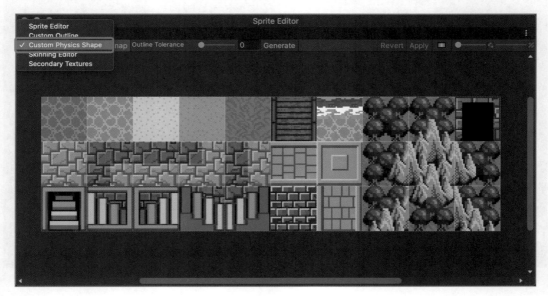

图 8-36

选中精灵后单击"Generate"按钮，该精灵的周围会出现四方形的点，并显示一个白框。白框所包裹的范围就是此贴片碰撞体积的范围，如图 8-37 所示。

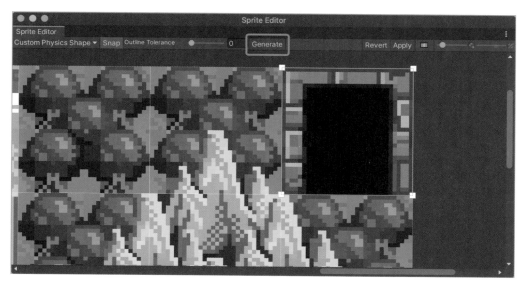

图 8-37

通过鼠标拖动四个角上的四方形，可以改变白框的形状。此外，单击线条的中部，可以生成新的点。用"Command"+"Delete"键（Windows 则为"Delete"键），可以删除点。修改完成后，单击 Sprite Editor 窗口的"Apply"按钮，应用更改，如图 8-38 所示。

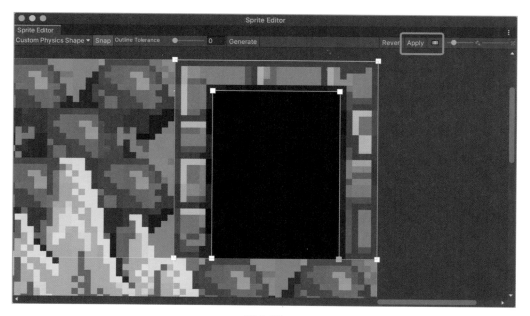

图 8-38

除了出入口，还需要对 5 种阶梯贴片的碰撞体积进行同样的编辑，如图 8-39 所示。

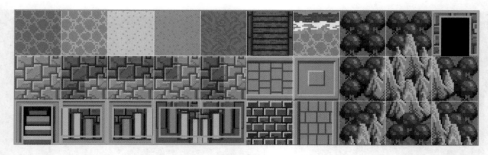

图 8-39

制作玩家角色

接下来制作玩家角色。除了在移动方向上增加了纵向外，其他都与 Side View 游戏基本一致。

玩家角色手持弓箭，可以在 360° 的方向上自由移动。弓箭始终朝着行进方向，可以向行进方向发射箭矢。射出的箭矢碰到物体后会附着在上面，一段时间后就会消失，如图 8-40 所示。和之前一样，新建一个 Player 文件夹统一保存玩家相关的数据。

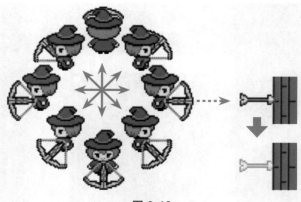

图 8-40

8.4.1　用多重精灵制作角色图像

玩家角色的图像是 "PlayerImage"。把 PlayerImage 移动到刚才新建的 Player 文件夹中。

与贴片地图同样，每张图像都是一个 32×32 像素的点阵图，将这个图像制成多重精灵，如图 8-41 所示。

参阅：8.3.2 节。

选中项目视图中的"Player Image",在检视视图中将"Sprite Mode"设为"Multiple",将"Pixels Per Unit"设为32。同时,需要将"Filter Mode"改为"Point (no filter)",如图8-42所示。

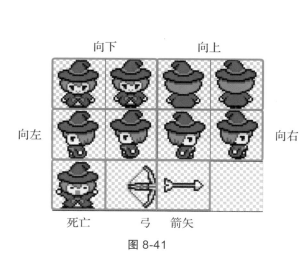

图 8-41

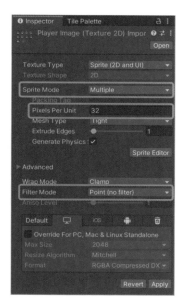

图 8-42

单击"Apply"按钮应用更改,再单击"Sprite Editor"按钮对精灵进行编辑。

单击"Slice"按钮,"Type"选为"Grid By Cell Size",将"Pixel Size"的"X"设为32,"Y"设为32。从"Pivot"的下拉菜单中选择"Custom",将"X"设为0.5,"Y"设为0.2,如图8-43所示。

参阅:2.3.2 节。

将"Pivot"设为"Custom"是为了将基准点设置在角色中央偏下,从而将持弓的位置调整到人物的腹部位置,如图8-44所示。

图 8-43

图 8-44

做完这一步之后,单击"Slice"按钮切割图像。

刚才对"Pivot"的相关设置是针对这个图像的统一设置,还需要对弓和箭矢的图像的基准点进行个别调整来重新设置。

首先选择弓的图像，将"Pivot"的"X"改为0.4，"Y"改为0.5，如图8-45所示。这是为了以后能够在脚本中将弓的尾端与玩家角色的基准点重合配置，同时使弓也能够以此为基准点进行旋转。

接下来选择箭矢的图像，将"Pivot"改为"Center"，如图8-46所示。这样发射时旋转的基准点就设置在箭身的中央了。

图 8-45   图 8-46

做完以上步骤，单击右上角的"Apply"按钮以应用更改。

8.4.2　制作玩家角色向下运动的动画效果

接下来制作玩家角色的动画效果。本次制作的玩家角色的动画效果分为上下左右4个方向。

分割出来的图像的开头两个（PlayerImage_0 ～ PlayerImage_1）是玩家角色向下运动时的动画模式。选中这两个图像，将其拖放到场景视图中，如图8-47所示。动画效果的名称设为"PlayerDown"，保存到 Player 文件夹中。

图 8-47

参阅：4.5.5 节。

此外，为了让玩家角色的游戏物体能够显示在背景的贴片地图之上，需要将"Order in Layer"设为 3，如图 8-48 所示。

图 8-48

将保存好的画师控制器的名称改为"PlayerAnime"，并将层级视图中的游戏物体的名称改为"Player"。

将 Rigidbody 2D 和 Circle Collider 2D 附着到玩家角色上。Rigidbody 2D 的"Gravity Scale"设为 0，并选中"Freeze Rotation Z"选项。将 Circle Collider 2D 的范围调整为身体的一半左右大小。

接下来，设定"Player"标签（直接使用系统自带的那个），再新建一个 Player 层，并设置为该层。标签和层在之后的接触判定时会用到，千万不要遗漏了。

参阅：4.3.3 节。

最后，切换到动画窗口，将"Sample"的值设为 4 以调整动画的速度，如图 8-49 所示。

图 8-49

8.4.3 制作玩家角色向其他方向运动的动画效果

玩家角色向右、向左和向上运动的动画效果可以用同样的方法制作。这些动画效果用来制作动画剪辑，所以不需要更改游戏物体和画师控制器的名称，也不需要设置标签和层。

各个方向的图像素材和动画效果名见表 8-1。

第 8 章 开发 Top View 动作游戏的基础系统

表 8-1

方向	使用的图像素材	动画效果名
向上	PlayerImage_2 ～ PlayerImage_3	PlayerUp
向左	PlayerImage_4 ～ PlayerImage_5	PlayerLeft
向右	PlayerImage_6 ～ PlayerImage_7	PlayerRight

　　游戏物体是用来生成动画剪辑的，实际上并没有必要留下来。保存好动画剪辑后，将向右、向左和向上的画师控制器和游戏物体都删除掉，如图 8-50 所示。

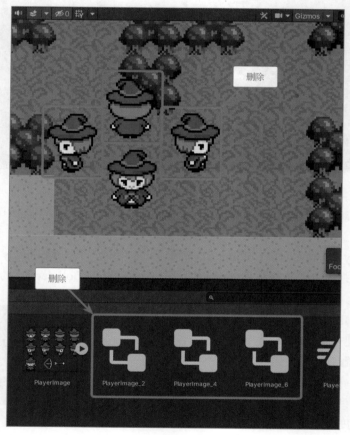

图 8-50

　　最后为画师控制器添加所有的动画剪辑。双击打开 " PlayerAnime"（画师控制器），显示画师视图，将 "PlayerLeft"、"PlayerRight"，和 "PlayerUp" 都拖放进去，如图 8-51 所示。

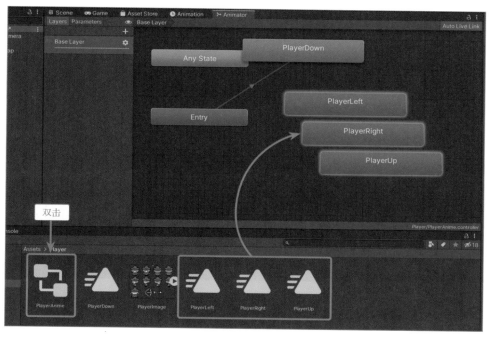

图 8-51

8.4.4　制作游戏失败的动画

接下来制作游戏失败时的动画模式。

参阅：4.5.9 节。

在层级视图或者场景视图中选择"Player"，切换到动画窗口。选择"Create New Clip..."，新建一个动画剪辑，并将其命名为"PlayerDead"，如图 8-52 所示。

单击"Add Property"按钮，选择 Sprite，如图 8-53 所示。

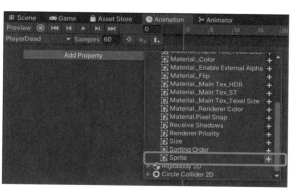

图 8-52

图 8-53

单击录像按钮，将作为关键帧登录的两个图像替换为"PlayerImage_8"，如图 8-54 所示。

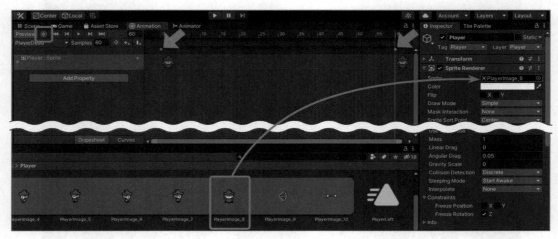

图 8-54

做完这一步，和 Side View 游戏中的玩家角色一样，再增加一个变透明的颜色动画效果。

参阅：4.5.9 节。

8.4.5　编写玩家移动的脚本

接下来编写使玩家可以 360° 向各个方向移动的脚本。在 Player 文件夹中新建一个"PlayerController"脚本，并将其附着到场景视图的 Player 上去。

这里直接使用第 7 章中编写的虚拟面板的脚本，因此脚本名称也直接沿用。下面是 PlayerController 的内容。

```
using System.Collections;
using System.Collections.Generic;
using UnityEngine;

public class PlayerController : MonoBehaviour
{
    // 移动速度
    public float speed = 3.0f;
    // 动画效果名
    public string upAnime = "PlayerUp";        // 向上
    public string downAnime = "PlayerDown";    // 向下
    public string rightAnime = "PlayerRight";  // 向右
    public string leftAnime = "PlayerLeft";    // 向左
    public string deadAnime = "PlayerDead";    // 死亡
```

```
    // 当前的动画效果
    string nowAnimation = "";
    // 之前的动画效果
    string oldAnimation = "";

    float axisH;                    // 横轴的值 (-1.0 ~ 1.0)
    float axisV;                    // 纵轴的值 (-1.0 ~ 1.0)
    public float angleZ = -90.0f;   // 旋转角度

    Rigidbody2D rbody;              // Rigidbody 2D
    bool isMoving = false;          // 移动中的旗标

    // Start is called before the first frame update
    void Start()
    {

        // 获取 Rigidbody2D
        rbody = GetComponent<Rigidbody2D>();
        // 动画效果
        oldAnimation = downAnime;
}


// Update is called once per frame
void Update()
{
    if (isMoving == false)
    {
        axisH = Input.GetAxisRaw("Horizontal"); // 左右按键输入
        axisV = Input.GetAxisRaw("Vertical");   // 上下按键输入
    }
    // 用按键输入计算移动的角度
    Vector2 fromPt = transform.position;
    Vector2 toPt = new Vector2(fromPt.x + axisH, fromPt.y + axisV);
    angleZ = GetAngle(fromPt, toPt);
    // 用移动角度更新朝向和动画效果
    if (angleZ >= -45 && angleZ <= 45)
    {
        // 向右
        nowAnimation = rightAnime;
    }
    else if (angleZ > 45 && angleZ < 135)
    {
        // 向上
        nowAnimation = upAnime;
    }
    else if (angleZ >-135 && angleZ <-45)
    {
        // 向下
        nowAnimation = downAnime;
    }
```

```
    else
    {
        // 向左
        nowAnimation = leftAnime;
    }
    // 切换动画效果
    if (nowAnimation != oldAnimation)
    {
        oldAnimation = nowAnimation;
        GetComponent<Animator>().Play(nowAnimation);
    }
}
void FixedUpdate()
{
    // 更新移动速度
    rbody.velocity = new Vector2(axisH, axisV) * speed;
}


    public void SetAxis(float h, float v)
    {
        axisH = h;
        axisV = v;
        if (axisH == 0 && axisV == 0)
        {
            isMoving = false;
        }
        else
        {
            isMoving = true;
        }
    }
    // 计算并返回p1到p2的角度
    float GetAngle(Vector2 p1, Vector2 p2)
    {
        float angle;
        if (axisH != 0 || axisV != 0)
        {
            // 如果在移动中则更新角度
            // 从p1到p2的差值（将0设为原点）
            float dx = p2.x - p1.x;
            float dy = p2.y - p1.y;
            // 用Atan 2 函数计算角度（弧度）
            float rad = Mathf.Atan2(dy, dx);
            // 将弧度转换为角度并返回
            angle = rad * Mathf.Rad2Deg;
        }
        else
        {
            // 如果在停止中则维持之前的角度
            angle = angleZ;
```

```
        }
        return angle;
    }
}
```

◆ 1.变量

speed 为角色的移动速度，带有 public，因此可以在 Unity 编辑器中更改。通过上下左右的动画剪辑名（upAnime ～ leftAnime）和死亡时的动画剪辑名（deadAnime）来切换动画效果，因此需要将它们设定成与之前做好的动画剪辑相同的名称。

nowAnimation 和 oldAnimation 用来保存当前播放的动画效果和之前播放的动画效果的名称。如果名称不同的话就切换动画效果。

axisH 和 axisV、angleZ 用来保存输入的纵横轴的值与行进方向的角度的变量。基于这些值来对玩家角色进行移动。rbody 是用来保存 Rigidbody2D 的变量。

◆ 2.Start 方法

在 Start 方法中，获取了 Rigidbody2D 并存入变量，同时指定了动画效果的初始方向为向下。

◆ 3.Update 方法

在 Update 方法中用 Input 类的 GetAxisRaw 方法获取上下左右的移动轴。之前在 Side View 游戏中通过"Horizontal"获取横轴的值，在 Top View 游戏中则通过"Vertical"获取纵轴的值。基于玩家角色的当前位置，加上纵轴和横轴的向量，计算出行进方向的点，并将其代入 Vector2 类型的 toPt 变量。

利用 GetAngle 方法得到移动角度，并通过移动角度来求得朝向和与之对应的动画效果名，代入变量。如果动画效果名称与前一帧不同的话，就通过 Animator 类的 Play 方法来更新播放动画效果。

◆ 4.FixedUpdate 方法

通过将在 Update 方法中得到的 axisH 和 axisV 的值，与表示速度的 speed 变量的值相乘，来计算向量并移动角色。

◆ 5.SetAxis 方法

SetAxis 是由虚拟面板调用的方法。它代替 Input.GetAxisRaw 方法，给代表横向移动的变量 axisH 和代表纵向移动的变量 axisV 赋值。虚拟面板以后再开发。

◆ 6.GetAngle 方法

GetAngle 方法通过参数（Vector2 类型）中的两个点来计算角度并返回。通过 axisH 和 axisV 的值来判断玩家角色是否处于移动状态（任意一个不为 0 则判断为移动中），如果玩家角色在移动中就使用 Mathf 类的 Atan2 方法来计算角度。如果玩家角色停止不动就直接返

第8章 开发 Top View 动作游戏的基础系统

```
```

回之前的朝向（angleZ 的值）。

Mathf 类是用于数学计算的类，含有各种方法。本次用到的 Atan2 方法通过三角函数来计算参数（Y 坐标和 X 坐标）所指定点的角度。

图 8-55 总结了动画效果的朝向和角度之间的关系。

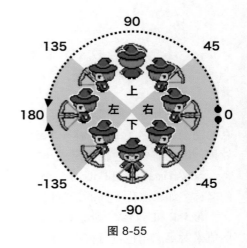

图 8-55

8.4.6 启动游戏

启动游戏之后，按计算机方向键的话，玩家角色就会上下左右移动了，同时会呈现相应的动画效果。

8.4.7 制作管理持有的道具的机制

玩家角色可以持有的道具有钥匙和箭矢两种。用来恢复所受伤害的"生命"并不是持有的道具，因此这里不做实装。

钥匙是玩家用来开门的道具，箭矢是玩家用来攻击的道具。即使场景发生切换道具也需要维续不变，因此需要编写脚本来进行管理。

新建如下 ItemKeeper 脚本，并附着到 Player 上去。

```csharp
using System.Collections;
using System.Collections.Generic;
using UnityEngine;

public class ItemKeeper : MonoBehaviour
{
    public static int hasKeys = 0;          // 钥匙的数量
    public static int hasArrows = 0;        // 持有箭矢的数量

    // Start is called before the first frame update
    void Start()
    {

    }

    // Update is called once per frame
    void Update()
    {

    }
}
```

◆ 变量

新增了 2 个 int 类型的变量，用来保存各个道具的持有数量。由于场景切换后也需要保持，所以将其设为 static 变量。此外还带有 public 以使其能被外部访问。

参阅：4.5.12 节的小贴士"不会消失的 static 变量"。

8.4.8　制作弓和箭矢的游戏物体

将弓和箭矢的图像素材拖放到场景视图中生成游戏物体，如图 8-56 所示。将两者的 Sprite Renderer 的"Order in Layer"都设为 3。

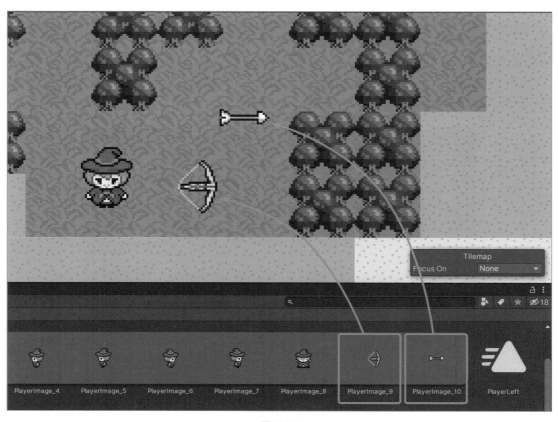

图 8-56

◆ 1.弓

将弓的名称改为"Bow"，"Position"的值全部设为 0，如图 8-57 所示。之后会将弓配置为玩家角色的子对象，如果不把游戏物体的位置设为 0 的话，配置就会错位。

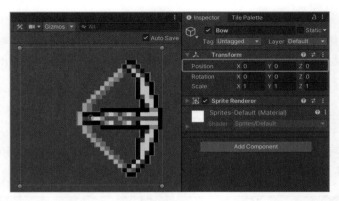

图 8-57

◆ **2. 箭矢**

将箭矢的名称改为"Arrow",新建并为其设定"Arrow"标签和"Arrow"层,如图 8-58 所示。标签和层在之后的接触判断时会用到,不要忘记设置。

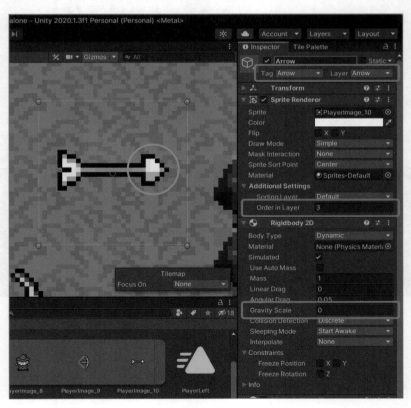

图 8-58

参阅：4.3.5 节 "区分游戏物体的手段（标签）"。

参阅：4.3.3 节。

为箭矢附着 Rigidbody 2D 和 Circle Collider 2D。将 Rigidbody 2D 的 "Gravity Scale" 设为 0，并调整 Circle Collider 2D 的范围，使其只包含箭头部分。

◆ 3. 预制

将弓和箭矢拖放到 Player 文件夹中完成预制，如图 8-59 所示。

在场景视图中的弓和箭矢的游戏物体已经没有用了，将它们删除掉。

图 8-59

8.4.9 编写射箭的脚本

接下来编写玩家射箭的脚本。在 Player 文件夹中新建如下 "ArrowShoot" 脚本，并将其附着到场景视图的 Player 上去。

```csharp
using System.Collections;
using System.Collections.Generic;
using UnityEngine;

public class ArrowShoot : MonoBehaviour
{
    public float shootSpeed = 12.0f;      // 箭矢的速度
    public float shootDelay = 0.25f;      // 发射间隔
    public GameObject bowPrefab;          // 弓的预制
    public GameObject arrowPrefab;        // 箭矢的预制

    bool inAttack = false;                // 攻击中的旗标
    GameObject bowObj;                    // 弓的游戏物体

    // Start is called before the first frame update
    void Start()
    {
        // 将弓配置给玩家角色
        Vector3 pos = transform.position;
        bowObj = Instantiate(bowPrefab, pos, Quaternion.identity);
        bowObj.transform.SetParent(transform);// 将玩家角色设为弓的父对象
    }

    // Update is called once per frame
    void Update()
    {
        if ((Input.GetButtonDown("Fire3")))
        {
            // 按下了攻击键
```

第 8 章 开发 Top View 动作游戏的基础系统

```
            Attack();
        }
        // 弓的旋转与优先级
        float bowZ = -1;      // 弓的Z值（放在角色之前）
        PlayerController plmv = GetComponent< PlayerController >();
        if (plmv.angleZ > 30 && plmv.angleZ < 150)
        {
            // 向上
            bowZ = 1;         // 弓的Z值（放在角色之后）
        }
        // 弓的旋转
        bowObj.transform.rotation = Quaternion.Euler(0, 0, plmv.angleZ);
        // 弓的优先级
        bowObj.transform.position = new Vector3(transform.position.x,
                                   transform.position.y, bowZ);
    }
    // 攻击
    public void Attack()
    {
        // 持有箭矢且未在攻击状态中
        if (ItemKeeper.hasArrows > 0 && inAttack == false)
        {
            ItemKeeper.hasArrows -= 1; // 减少箭矢
            inAttack = true;        // 竖起攻击的旗标
            // 射箭
            PlayerController playerCnt = GetComponent< PlayerController >();
            float angleZ = playerCnt.angleZ; // 旋转角度
            // 创建箭矢的游戏物体（旋转到行进方向）
            Quaternion r = Quaternion.Euler(0, 0, angleZ);
            GameObject arrowObj = Instantiate(arrowPrefab, transform.position, r);
            // 制作射箭的向量
            float x = Mathf.Cos(angleZ * Mathf.Deg2Rad);
            float y = Mathf.Sin(angleZ * Mathf.Deg2Rad);
            Vector3 v = new Vector3(x, y) * shootSpeed;
            // 为箭矢施加力
            Rigidbody2D body = arrowObj.GetComponent<Rigidbody2D>();
            body.AddForce(v, ForceMode2D.Impulse);
            // 延迟降下攻击的旗标
            Invoke("StopAttack", shootDelay);
        }
    }
    // 停止攻击
    public void StopAttack()
    {
        inAttack = false;       // 降下攻击的旗标
    }
}
```

◆ 1. 变量

shootSpeed 变量为箭矢的速度，shootDelay 变量设定了每次射箭之后需要等待的时间。它们之前都添加了 public，以便在检视视图中进行设置。

bowPrefab 和 arrowPrefab 变量分别用来设定弓和箭矢的预制。要在检视视图中设置为先前制作的弓和箭矢的预制。

inAttack 为攻击中的旗标。为了防止极端的连射，需要为下次射箭设定冷却时间。

◆ 2. Start 方法

在 Start 方法中用 bowPrefab 生成一个弓的游戏物体，然后将其配置为玩家角色的子对象。

◆ 3. Update 方法

在 Update 方法中，利用 Input 类的 GetButtonDown 方法确认发射按钮被按下，然后调用 Attack 方法。此时，将 GetButtonDown 方法的参数指定为"Fire3"。这个键默认是键盘上的左 Shift 键，可以通过 Input Manager 更改。

参阅：3.3.1 节的小贴士"可以支持多种设备输入的 Input 类和 Input Manager"。

为了使弓转向玩家角色的移动方向，需要参照 PlayerController 类的 angleZ 变量。另外如果玩家角色面向上方，需要将弓显示在玩家角色的后面，因此将 position.Z 的值设为 1。如果 Order in Layer 的值是相同的话，Z 值较大的会显示在后面。

参阅：2.2.6 节。

◆ 4. Attack 方法

Attack 方法是由 Update 方法调用的，用于进行攻击处理（射箭）。确认 ItemKeeper 类的 hasArrows 变量，如果该变量大于 0，且 inAttack 为 false（未处于攻击状态中），则允许射箭。

每次射箭之后将箭矢的数量减少 1，并竖起攻击的旗标（inAttack）。如果攻击的旗标为 true，则无法发射箭矢。

在发射箭矢的时候，为了获知方向，需要用 GetComponent 方法取得 PlayerController 类。然后通过 arrowPrefab（预制），用 Instantiate 方法生成箭矢的游戏物体。此时，将其旋转到 angleZ 的角度，并基于 angleZ 生成一个射箭的向量，通过 AddForce 方法将力施加到箭矢上来发射箭矢。

向量的生成用到了 Mathf 类的三角函数中的 Sin（正弦）方法和 Cos（余弦）方法。

箭矢发射后，通过 Invoke 方法延迟调用 StopAttack 方法，在 StopAttack 方法中降下攻击的旗标（inAttack）。这样就可以再次发射箭矢。

最后在 Unity 编辑器中设定 Bow 和 Arrow 的预制，如图 8-60 所示。

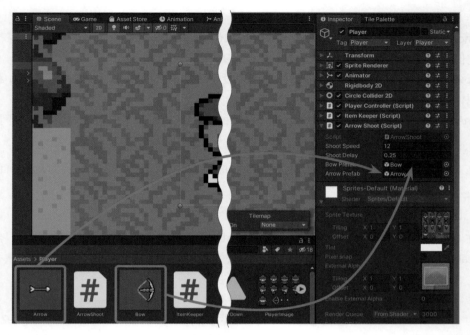

图 8-60

8.4.10　编写控制箭矢的脚本

接下来要编写的脚本用于控制射出的箭矢。在 Player 文件夹中新建一个"ArrowController"脚本，并将其附着到箭矢的预制上去。

```
using System.Collections;
using System.Collections.Generic;
using UnityEngine;

public class ArrowController : MonoBehaviour
{
    public float deleteTime = 2;  // 删除时间

    // Start is called before the first frame update
    void Start()
    {
        Destroy(gameObject, deleteTime); // 一定时间后消失
    }
    ～ 省略 ～
    // 与游戏物体接触
    private void OnCollisionEnter2D(Collision2D collision)
    {
```

```
            // 成为接触的游戏物体的子对象
            transform.SetParent(collision.transform);
            // 将碰撞体积无效化
            GetComponent<CircleCollider2D>().enabled = false;
            // 将物理仿真无效化
            GetComponent<Rigidbody2D>().simulated = false;
        }
    }
```

通过在 Start 方法中调用 Destroy 方法，使得发射出去的箭矢在经过由 deleteTime 变量设置的时间（初始值为 2 秒）后从场景中删除。

另外，当箭矢接触到了任何游戏物体时，会成为该游戏物体的子对象，同时使碰撞体积和物理仿真无效。在 Rigidbody2D 和 CircleCollider2D 中分别有一个叫作 simulated 和 enabled 的 bool 类型的变量，把它们设为 false 可以使碰撞体积和物理仿真无效，设为 true 则可以使碰撞体积和物理仿真有效。

这样，箭矢就能够呈现刺在射中的物体上的状态了。

◆ 编辑层的接触设定

箭矢是从玩家角色所在的位置发射出去的，在发射的一瞬间和玩家角色发生了接触，会停在原地。为了规避这个问题，需要更改层与层之间的接触判定。

从菜单依次选择 "Edit" → "Project Settings..."，打开项目设置窗口。从左侧的标签栏中选择 "Physics 2D"，再展开 "Layer Collision Matrix"。可以看到各种层的名称以及它们之间的复选框。将 Player 和 Arrow 交叉部分的复选框清除，如图 8-61 所示。

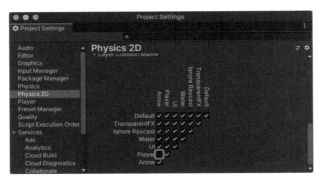

图 8-61

这样设定为 Player 和 Arrow 层的游戏物体之间就不会产生接触了。

8.4.11 启动游戏

现在启动游戏试试发射箭矢。为了便于动作确认，暂时将 ItemKeeper 的 hasArrows 设为大于 0 的数字。

游戏启动后玩家角色处于端着弓的状态，按动计算机的方向键时弓也会朝向移动方向。按动左 shift 键后会朝着移动方向射出一支箭，当箭矢射中墙壁后就会停下，一段时间之后自动消失，如图 8-62 所示。

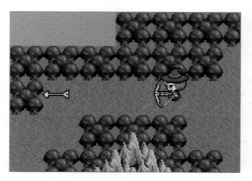

图 8-62

8.4.12　制作跟随玩家角色的摄像机

编写脚本，使摄像机能够以玩家角色为中心跟着移动。在 Player 文件夹中新建一个"CameraManager"脚本，并将其附着到 Main Camera 上去。

```
using System.Collections;
using System.Collections.Generic;
using UnityEngine;

public class CameraManager : MonoBehaviour
{
    // Use this for initialization
    void Start ()
    {

    }

    // Start is called before the first frame update
    void Update ()
    {
        GameObject player = GameObject.FindGameObjectWithTag("Player");
        if(player != null)
        {
            // 与玩家的位置联动
            transform.position = new Vector3(player.transform.position.x,
                            player.transform.position.y, -10);
        }
    }
}
```

 **Update 方法**

使用 **FindGameObjectWithTag** 方法来寻找玩家角色，找到后就将摄像机的位置改为这个位置。游戏失败后玩家角色从场景中消失时，摄像机会维持在原来的位置。另外将 Z 轴设为了 −10，这是因为需要将摄像机的显示优先级设在玩家之上。

参阅：2.6.6 节。

8.4.13　制作玩家的伤害处理

在 Side View 游戏中，当碰到了带伤害的地面或者敌人时游戏立即就会失败，但是在 Top View 游戏中玩家角色有 HP（生命值）的概念，碰到敌方角色 3 次以后游戏才会失败。当碰到敌方角色受到伤害时，玩家角色会减去 1 点 HP，并且会呈现被敌方角色击退的动画效果。

通过更新 PlayerController 脚本来对应伤害处理。下面展示了脚本的更新内容。

```
using System.Collections;
using System.Collections.Generic;
using UnityEngine;

public class PlayerController : MonoBehaviour
{
    ～ 省略 ～

    // 伤害对应
    public static int hp = 3;        // 角色的HP
    public static string gameState;  // 游戏的状态
    bool inDamage = false;           // 伤害中的旗标

// Start is called before the first frame update
void Start()
{
    // 获取 Rigidbody2D
    rbody = GetComponent<Rigidbody2D>();
    // 动画效果
    oldAnimation = downAnime;
    // 将游戏的状态设为游戏中
    gameState = "playing";
}

// Update is called once per frame
void Update()
{
    // 处于游戏中以外的状态或者伤害中，则不做任何处理
    if (gameState != "playing" || inDamage)
    {
        return;
    }
```

```
        ～  省略  ～
    }
    void FixedUpdate()
    {
        // 处于游戏中以外的状态，则不做任何处理
        if(gameState != "playing")
        {
            return;
        }
        if (inDamage)
        {
            // 伤害中则展现闪烁特效
            float val = Mathf.Sin(Time.time * 50);
            Debug.Log(val);
            if (val > 0)
            {
                // 显示精灵
                gameObject.GetComponent<SpriteRenderer>().enabled = true;
            }
            else
            {
                // 隐藏精灵
                gameObject.GetComponent<SpriteRenderer>().enabled = false;
            }
            return; // 伤害中不接受由操作控制的移动
        }

        // 更新移动速度
        rbody.velocity = new Vector2(axisH, axisV) * speed;
    }

    public void SetAxis(float h, float v)
    {
        ～  省略  ～
    }
    // 计算并返回p1到p2的角度
    float GetAngle(Vector2 p1, Vector2 p2)
    {
        ～  省略  ～
    }


    // 接触（物理）
    private void OnCollisionEnter2D(Collision2D collision)
    {
        if (collision.gameObject.tag == "Enemy")
        {
            GetDamage(collision.gameObject);
        }
    }
}
```

```csharp
// 伤害
void GetDamage(GameObject enemy)
{
    if (gameState == "playing")
    {
        hp--;    // 减少HP
        Debug.Log("Player HP=" + hp);
        if (hp > 0)
        {
            // 停止移动
            rbody.velocity = new Vector2(0, 0);
            // 朝着敌方角色的相反方向被击退
            Vector3 v = (transform.position - enemy.transform.position).normalized;
            rbody.AddForce(new Vector2(v.x * 4, v.y * 4), ForceMode2D.Impulse);
            // 伤害旗标 ON
            inDamage = true;
            Invoke("DamageEnd", 0.25f);
        }
        else
        {
            // 游戏失败
            GameOver();
        }
    }
}
// 伤害结束
void DamageEnd()
{

        // 伤害旗标 OFF
        inDamage = false;
        // 回到原来的精灵
        gameObject.GetComponent<SpriteRenderer>().enabled = true;
    }
    // 游戏失败
    void GameOver()
    {
        Debug.Log(" 游戏失败！！");
        gameState = "gameover";
        // =====================
        // 游戏失败的显示效果
        // =====================
        // 删除玩家的碰撞体积
        GetComponent<CircleCollider2D>().enabled = false;
        // 停止移动
        rbody.velocity = new Vector2(0, 0);
        // 施加重力，并呈现玩家稍稍向上跳起的效果
        rbody.gravityScale = 1;
        rbody.AddForce(new Vector2(0, 5), ForceMode2D.Impulse);
        // 切换动画效果
```

```
            GetComponent<Animator>().Play(deadAnime);
            // 让玩家角色在1秒钟后消失
            Destroy(gameObject, 1.0f);
        }
    }
```

1. 变量

增加了用来记录玩家生命值的 hp 变量，以及表示玩家角色的状态参数的 gameState 变量。hp 需要在场景切换时也能够保持当前的值，因此设为了 static 变量。

参阅：4.5.12 节的小贴士"不会消失的 static 变量"。

另外在 UI 显示的时候需要参考外部变量，因此还添加了 public 关键字。gameState 变量的用法与 Side View 游戏中的 gameState 变量用法完全一样。

2. Start 方法

将游戏状态（gameState 变量）设为"playing"，指定为游戏中。

3. Update 方法

若 gameState 不为 playing，则立刻通过 return 跳出方法，什么也不做。此处理与 Side View 游戏完全一致。此外，当玩家角色处于伤害中（inDamage 为 true）时，也什么都不做直接跳出方法。

4. FixedUpdate 方法

若 gameState 不为 playing，则立刻通过 return 跳出方法，什么也不做。当 inDamage 旗标为 true 时，则呈现玩家角色闪烁的特效。对应闪烁处理的是下面这行脚本。

```
float val = Mathf.Sin(Time.time * 50);
```

Time 类是用来对应各种与时间相关的处理的。time 变量以秒为单位，保存了自游戏启动以来经过的总时间。这行脚本以经过时间为参数，调用了 Mathf 类的 Sin（正弦）方法。Sin 方法是用于返回三角函数中正弦值的方法。

将连续的递增值传递给 Sin 方法时，会返回像 0～1～0～−1～0⋯⋯这样循环变动的值。根据这个值大于 0 还是小于等于 0，将 Sprite Renderer 的 enabled 变量分别设为 true 和 false，以交替显示 / 隐藏精灵，呈现闪烁的视觉效果。

另外，与 Time.time 相乘的数字，越大则闪烁的间隔就越短。可以尝试替换这个数字来看看效果。

接下来，如果为玩家角色处于伤害中（inDamage 为 true），则通过 return 跳出方法，不进行按键操作的移动处理。

5. OnCollisionEnter2D 方法

敌方角色带有识别用的"Enemy"标签，通过"Enemy"标签可以判断玩家角色是否与敌方角色接触。调用 GetDamage 方法进行伤害处理。

◆ 6. GetDamage 方法

当 gameState 为 "playing"（游戏中）时进行处理。hp 减 1，将 inDamage 旗标设为 true，并新建一个与受到伤害时接触的敌方角色方向相反的向量。可以理解成新建一个从敌人指向自己的向量。

这里用到的 normalized 变量，是用来将向量归一化的。

将向量的大小设为 1 的 "归一化"

此前介绍了用 X 和 Y 来制作向量的方法，以及用向量来表达速度的方法。

参阅：3.3.1 节的小贴士 "坐标和向量"。

简单地将表示游戏中位置的 Vector3 进行减法运算的话，其结果的 x 和 y 会是比 1 大的数字。normalized 则将速度部分，也就是向量的大小改为 1，也就是说 x 和 y 则相应变换成比 1 小的数字。这就是所谓的单位向量。由于速度部分为 1，因此乘上所需的速度值（这里用的是 4），就能以这个速度进行移动了。

AddForce 方法为玩家角色施加了一个力，使其被击退。然后通过 Invoke 方法延迟 0.25s 调用 DamageEnd 方法，在其中进行伤害结束的处理。

如果 hp ≤ 0，则调用 GameOver 方法，在其中进行游戏失败的处理。

◆ 7. GameOver 方法

游戏失败的处理与 Side View 游戏中几乎完全一样。将 gameState 设为 "gameover"，切换动画效果并通过延迟处理使玩家角色的游戏物体逐渐消失。

做完这一步，将层级视图中的 "Player" 拖放到 Player 文件夹中将其预制。

Chapter

9

第 9 章
升级 Top View 动作游戏

小贴士

下载完整的数据

本章制作的项目的完整数据，可以通过网址 https://www.shoeisha.co.jp/book/download/3611/read 下载。

9.1 从一个场景切换到下一个场景

接下来要开发的是在多个场景间往返的机制。各个出入口相互联动，读取相应的场景。新建一个叫作 RoomManager 的文件夹，用来保存场景之间的切换关系。

9.1.1 制作用于出入口的游戏物体和脚本

首先需要实现玩家角色触碰后就切换场景的游戏物体和脚本。

单击层级视图左上角的 " + " 按钮，选择 " Create Empty " 新建一个空对象。名称设为 "Exit"，并为其附加一个图标以示区别。同时还需要新建并设置一个 "Exit" 标签。

参阅：7.1.5 节。

参阅：4.3.5 节 "区分游戏物体的手段（标签）"。

为其附着一个 Circle Collider 2D 组件，并将其调整为一个较小的尺寸。选中 " Is Trigger " 选项。

做完这一步，将游戏物体调整到地图出入口的贴片位置上，可以使用平移工具帮助移动，如图 9-1 所示。

图 9-1

接下来，在 RoomManager 文件夹中新建一个 Exit 脚本，输入以下内容，并将其附着到我们刚才配置在场景中的 Exit 游戏物体上去。

```csharp
using System.Collections;
using System.Collections.Generic;
using UnityEngine;

// 出入口的位置
public enum ExitDirection
{
    right,  // 右方向
    left,   // 左方向
    down,   // 下方向
    up,     // 上方向
}

public class Exit : MonoBehaviour
{
    public string sceneName = "";    // 要切换过去的场景名
    public int doorNumber = 0;       // 门的编号
    public ExitDirection direction = ExitDirection.down;// 门的位置

    // Start is called before the first frame update
    void Start()
    {

    }

    // Update is called once per frame
    void Update()
    {

    }
    private void OnTriggerEnter2D(Collider2D collision)
```

```
    {
        if (collision.gameObject.tag == "Player")
        {
            RoomManager.ChangeScene(sceneName, doorNumber);
        }
    }
}
```

1. 枚举类型

在类的定义之前的 **enum** 是用来定义枚举类型的关键字。

```
public enum ExitDirection
{
    right,  // 右方向
    left,   // 左方向
    down,   // 下方向
    up,     // 上方向
}
```

枚举类型的写法是把需要定义的名称放在"**{ }**"（花括号）中，并通过"**,**"（逗号）分隔。这些名称带有自己的意义，可以在脚本中使用。这里将出口的方向通过 **right**、**left**、**down** 和 **up** 来进行定义。出现在 **enum** 后面的"**ExitDirection**"是类型名，也就是说通过 **enum** 可以制作出独有的类型。

这里定义了 4 个方向作为出入口的方向。由于前面带有 **public**，所以这 4 个方向可以被其他任意脚本引用。实际的用法在后面的脚本中介绍。

同时，在需要引用枚举类型的值的时候，可以将枚举类型名与名称之间用"**.**"（句点）连接起来。

```
ExitDirection.right
（枚举类型）.（名称）
```

2. 变量

有 3 个带有 **public** 的变量。**sceneName** 为需要切换过去的场景的名称。**doorNumber** 变量是用于设置出入口的编号的。在切换过去的场景中，玩家角色会出现在相同编号的地方。**direction** 是玩家出现时的朝向，指定为 **ExitDirection.down** 时，就表示玩家角色将会从出入口的下方出来。这些参数之后会在检视视图中进行配置。

3. OnTriggerEnter2D 方法

当接触的游戏物体的标签为"**Player**"时，就进行场景的切换。以配置的参数作为函数的参数，调用 **RoomManager** 类的 **ChangeScene** 方法。

RoomManager 类和 **ChangeScene** 方法是后面要制作的类和方法。在这里由于还没有完成

RoomManager 类，因此会出现错误提示，暂时不用理会。

9.1.2　制作用于房间管理的游戏物体

图 9-2

接下来制作用于房间（场景）管理的游戏物体和类。首先新建并配置一个空对象。名称设为"RoomManager"，如图 9-2 所示。

接下来在 RoomManager 文件夹中新建一个 RoomManager 脚本，并将其附着到刚才配置在场景中的 RoomManager 游戏物体上去。下面是 RoomManager 脚本的内容。

```csharp
using System.Collections;
using System.Collections.Generic;
using UnityEngine;
using UnityEngine.SceneManagement;

public class RoomManager : MonoBehaviour
{
    // static 变量
    public static int doorNumber = 0;   // 门的编号

    // Start is called before the first frame update
    void Start()
    {
        // 玩家角色的位置
        // 通过数组获取出入口
        GameObject[] enters = GameObject.FindGameObjectsWithTag("Exit");
        for (int i = 0; i < enters.Length; i++)
        {
            GameObject doorObj = enters[i];        // 从数组中取出
            Exit exit = doorObj.GetComponent<Exit>(); // 获取Exit类
            if (doorNumber == exit.doorNumber)
            {
                // ==== 门的编号相同 ====
                // 将玩家角色移动的出入口
                float x = doorObj.transform.position.x;
                float y = doorObj.transform.position.y;
                if (exit.direction == ExitDirection.up)
                {
                    y += 1;
                }
                else if (exit.direction == ExitDirection.right)
                {
                    x += 1;
                }
                else if (exit.direction == ExitDirection.down)
                {
                    y -= 1;
```

```
        }
        else if (exit.direction == ExitDirection.left)
        {
            x -= 1;
        }
        GameObject player = GameObject.FindGameObjectWithTag("Player");
        player.transform.position = new Vector3(x, y);
        break;  // 跳出循环
        }
    }
}

    // Update is called once per frame
    void Update()
    {

    }
    // 场景切换
    public static void ChangeScene(string scnename, int doornum)
    {
        doorNumber = doornum;    // 将门的编号保存在static变量中
        SceneManager.LoadScene(scnename);    // 切换场景
    }
}
```

为了能够读取场景，不要忘记在类的前面加上下面这一行代码。

```
using UnityEngine.SceneManagement;
```

◆ 1. 变量

定义了 1 个 static 变量。doorNumber 变量记录了玩家进出的出入口的编号。由于这个变量是个 static 变量，因此其值可以跨场景保持。

参阅：3.5.12 节的小贴士"不会消失的 static 变量"。

◆ 2. Start 方法

在 Start 方法中，通过 FindGameObjectsWithTag 方法寻找所有带有 "Exit" 标签的游戏物体。FindGameObjectsWithTag 方法用于返回带有指定标签的游戏物体数组。

注意这不是之前常用的 FindGameObjectWithTag 方法，"Objects" 多了一个 "s"。FindGameObjectsWithTag 方法会返回一个包括了场景中所有带有指定标签的游戏物体的数组。

◆ 3. 数组

数组的概念类似变量排成串放入容器中，如图 9-3 所示。

下面的例子声明了一个整数（int 类型）的数组，并将 1 ~ 5 的数字从 1 开始依次放入。

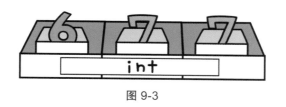

图 9-3

```
int[]    nums = [1, 2, 3, 4, 5];
（类型名）（变量名）（值）
```

int[] 为类型名。通过在通常的类型名后加上"[]"（方括号）来表示。需要放入数组的值也需要用方括号括起来，并用逗号分隔。

可以像下面这样取出数组中的值。

```
int num1 = nums[0];    // 在num1中放入数字1
int num2 = nums[1];    // 在num2中放入数字2
int num3 = nums[2];    // 在num3中放入数字3
int num4 = nums[3];    // 在num4中放入数字4
int num5 = nums[4];    // 在num5中放入数字5
```

在数组的变量名（nums）的后面，用方括号将序号括起来。需要注意的是，这里的序号不是从 1 开始，而是从 0 开始的。

◆ 4. for 循环

为了按顺序取出数组中的游戏物体，这里用到了名为 for 循环的语句，如图 9-4 所示。

图 9-4

从 for(……) 开始，由 { } 括起来的部分就是反复进行同样处理的循环处理。循环是程序设计中经常使用的基本的处理方法，需要牢固掌握。

在 for 循环的"()"（圆括号）中，存在用";"（分号）分割的 3 个条件。第一个是用于循环条件的变量，通常使用 int 类型。这里定义了一个 int 类型的变量 i，并将其初始值设为 0。

第二个是循环继续进行的条件。enters.Length 代表数组的长度，也就是里面元素的数量。这里指定的条件为：变量 i 小于数组的长度。i 的初始值为 0，且假设数组长度为 4，则当 i 为 0、1、2、3 时进行 { }（花括号）中的处理。

第三个是对循环条件的变量进行变化的计算式。i++ 的意思是对 int 类型的变量进行每次加 1 的处理。这称为"递增"。反过来，每次减 1 的时候可以写作" i-- "，并列 2 个减号。这叫作"递减"。

变量 i 从 0 开始按照 1、2、3、4、5……的顺序变化。由于第二个循环条件为小于数组的长度，因此变量 i 不会增长到与数组的长度相同，如图 9-5 所示。

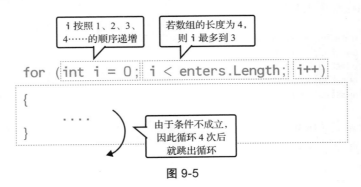

图 9-5

在 for 循环中进行的处理为：从数组中将游戏物体取出，并获取附于其上的 Exit 类，然后将 Exit 类的 doorNumber 变量与自身的 doorNumber 变量进行比较，如果相同，则将玩家角色的位置变更到 Exit 游戏物体的位置上去。

最后的" break;"语句，会无条件地结束循环处理。如果已经找到了相同的编号，那就没有必要继续进行循环了，因此此时应当结束循环处理。

小贴士

用来寻找游戏物体的 Find 系列方法

为了寻找场景中特定的游戏物体，Unity 准备了好几个以" Find "作为开头的检索类方法。这里对它们做一个简单的介绍。

```
GameObject obj = GameObject.Find(" 游戏物体的名称 ");
```

GameObject.Find 方法会返回其参数指定的一个游戏物体。不过仅限于处于有效状态的游戏物体。另外，如果存在多个同名的游戏物体，则只会返回其中一个。由于其检索范围是场景中的所有对象，因此脚本运行时计算机的负荷相当高。

```
Transform trans = this.transform.Find(" 游戏物体的名称 ");
GameObject obj = trans.gameObject;
```

这是 Transform 组件自带的 **Find** 方法。此方法会返回自身子对象的游戏物体的 Transform 组件。由于返回的是 Transform，因此当需要用到游戏物体的时候，可以参照 **gameObject** 变量。

GameObject obj = GameObject.FindGameObjectWithTag(" 标签的名称");

FindGameObjectWithTag 方法返回一个带有参数指定的标签的游戏物体。除了检索对象指定为标签以外，其余与 **Find** 方法相同。

GameObject[] objects = GameObject.FindGameObjectsWithTag(" 标签的名称");

FindGameObjectsWithTag 方法检索带有参数指定的标签的所有游戏物体，并返回一个由它们组成的数组。除了返回值为数组以外，其余与 **FindGameObjectWithTag** 方法相同。

◆ 5. ChangeScene 方法

ChangeScene 方法将参数中的 **doornum**（门的编号）保存为自己的变量，并读取 **scenename**（场景名）场景。由于要从外部调用，因此加上了 **public**。此外，因为对自己的 **static** 变量进行了赋值，所以方法本身也必须加上 **static**。带有 **static** 的方法称为 **static** 方法，调用的时候，需要像下面的代码那样用"**.**"（句点）将类名和方法名连接起来。

```
RoomManager.ChangeScene("WorldMap", 1);
```

▶ 名词解释：static 方法

通常使用类中的方法的时候，需要像下面这样先用 **new** 创建一个变量。

MyClass myclass = new MyClass();

不过，**static** 方法不需要用 **new** 来创建变量，只要用类名就可以调用方法了。和 **static** 变量在游戏运行中始终存在一样，**static** 方法在游戏运行中也始终存在。因此，在 **static** 方法中访问的变量也必须是 **static** 变量。

将层级视图中的 RoomManager 和 Exit 拖放到 Prefab 文件夹中预制。

9.1.3 配置出入口

将 Prefab 文件夹中的 RoomManager 配置一个到层级视图中，同时，将 Prefab 文件夹中的 Exit 配置到各场景的出入口上面，如图 9-6 所示。

将 Exit 的" Scene Name "设为要切换到的场景名，将" Door Number "设置为大于 0 的数字（只要不重复可以任意选定）。" direction "则根据玩家角色将从出口的上下左右哪个方向出来进行设置。

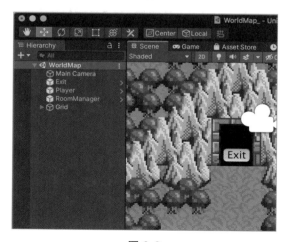

图 9-6

9.1.4　启动游戏

启动游戏后，可以看到玩家能够通过各个出入口在场景间移动，如图 9-7 所示。如果动作不正确，请再次检查类和参数的设置。

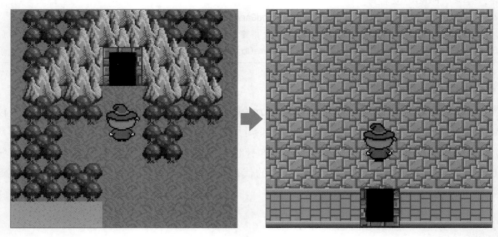

图 9-7

9.1.5　制作门

接下来制作阻挡出入口的门。在带着钥匙的情况下，如果玩家接触到门，门就可以打开。新建一个 Item 文件夹，将门的数据都存放在里面。

门的图像为"Door"。将 Door 图像移动到 Item 文件夹中去。

这也是个 32×32 像素的点阵图。因此，将"Pixels Per Unit"设为 32，并将"Filter Mode"设为"Point (no filter)"，如图 9-8 所示。

设置好图像后，将门的图像拖放到场景视图中，生成一个门的游戏物体。需要附着的组件是 Box Collider 2D。将 Sprite Renderer 的"Order in Layer"设为 1。此外为了对门做区分，需要为其新增并设置一个"Door"标签，如图 9-9 所示。

图 9-8

下面编写脚本，以实现玩家持有钥匙时就可以开门的功能。在 Item 文件夹中新建一个 Door 脚本，输入以下内容，并将其附着到场景视图的 Door 上去。

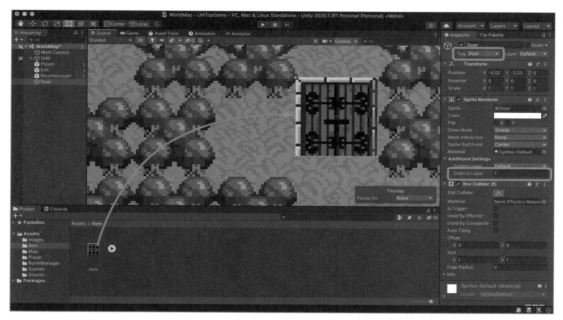

图 9-9

```csharp
using System.Collections;
using System.Collections.Generic;
using UnityEngine;

public class Door : MonoBehaviour
{
    public int arrangeId = 0;          // 用于识别配置

    // Start is called before the first frame update
    void Start()
    {

    }

    // Update is called once per frame
    void Update()
    {

    }

    void OnCollisionEnter2D(Collision2D collision)
    {
        if(collision.gameObject.tag == "Player")
        {
```

```
        // 持有钥匙
        if (ItemKeeper.hasKeys > 0)
        {
            ItemKeeper.hasKeys--;        // 钥匙数量减1
            Destroy(this.gameObject); // 开门（删除）
        }
      }
    }
}
```

◆ **1. 变量**

增加了 1 个变量。**arrangeId** 变量是下一章中用来保存配置数据用的。详细内容在下一章中介绍。

◆ **2. OnCollisionEnter2D 方法**

如果接触的游戏物体的标签为"**Player**"，则确认 **ItemKeeper** 的 **hasKeys** 变量中记录的钥匙的数量。如果大于 0 就将钥匙的数量减少 1，并将门（自身）删除来实现开门的效果。

做完这一步，将层级视图中的 Door 拖放到 Prefab 文件夹中预制。

9.1.6 配置门

如图 9-10 所示，将门的预制配置到世界地图侧的出入口前方。由于一边开门了另一边自然也开门，所以在地牢侧不需要配置。

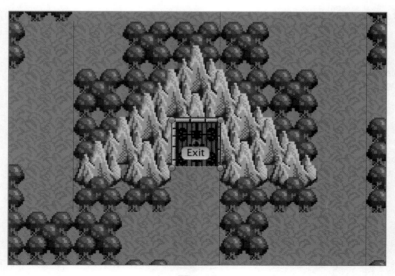

图 9-10

9.2 制作道具

道具配置在地图上，当玩家角色触碰到后就可以拾取。宝箱能够将道具隐藏在里面。

本次要做的道具包括钥匙、箭矢和生命，如图 9-11 所示。道具的图像也是使用了多重精灵的图像素材。将 Items 图像移动到 Item 文件夹中，并通过 Sprite Editor 将其分割成 32 × 32 像素的大小。

参阅：8.3.2 节。

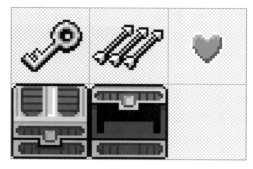

图 9-11

9.2.1 制作道具的游戏物体

首先要制作的游戏物体是玩家可以从宝箱中获取的道具。

将钥匙、箭矢，和生命的图像素材拖放到场景视图中生成游戏物体，如图 9-12 所示。钥匙命名为 "Key"，箭矢命名为 "Arrow"，生命命名为 "Life"。另外新建一个 Item 标签，并为各个游戏物体设定此标签。

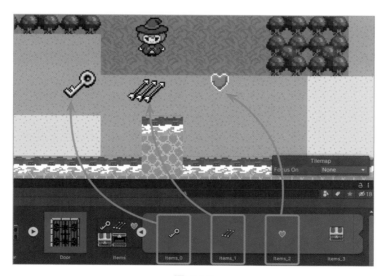

图 9-12

参阅：4.3.5 节 "区分游戏物体的手段（标签）"。

接下来要做的是附着组件并进行相关设定。首先将 Sprite Renderer 的 "Order in Layer" 设为 5。这是为了在保证在玩家角色获得道具的时候道具能够显示在画面的最上方。

9

第 9 章 升级 Top View 动作游戏

然后附着一个 Rigidbody 2D，将"Gravity Scale"设为 0，再附着一个 Circle Collider 2D，并选上"Is Trigger"选项，如图 9-13 所示。注意需要将碰撞体积的范围设定得比游戏物体还要稍微大一些。这是为了在道具从宝箱中出现的时候道具的碰撞体积能够碰到玩家角色。

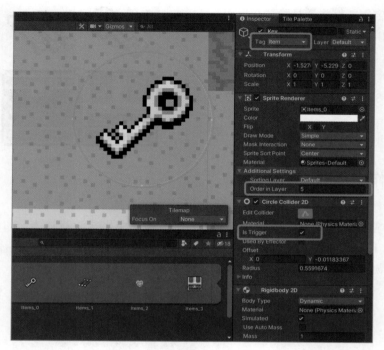

图 9-13

同样，对箭矢和生命也要进行相同的设置。

9.2.2 编写用于道具管理的脚本（ItemData）

接下来编写用于道具管理的脚本。在 Item 文件夹中新建一个 ItemData 脚本，输入以下内容，并将其附着到道具的游戏物体上。

```
using System.Collections;
using System.Collections.Generic;
using UnityEngine;

// 道具的种类
public enum ItemType
{
    arrow,        // 箭矢
    key,          // 钥匙
```

```
        life,              // 生命
}

public class ItemData : MonoBehaviour
{
    public ItemType type;              // 道具的种类
    public int count = 1;              // 道具数量

    public int arrangeId = 0;          // 用于识别配置

    // Start is called before the first frame update
    void Start()
    {

    }

    // Update is called once per frame
    void Update()
    {

    }
    // 接触
    private void OnTriggerEnter2D(Collider2D collision)
    {
        if (collision.gameObject.tag == "Player")
        {
            if (type == ItemType.key)
            {
                // 钥匙
                ItemKeeper.hasKeys += 1;
            }
            else if (type == ItemType.arrow)
            {
                // 箭矢
                ArrowShoot shoot = collision.gameObject.GetComponent< ArrowShoot>();
                ItemKeeper.hasArrows += count;
            }
            else if (type == ItemType.life)
            {
                // 生命
                if(PlayerController.hp < 3)
                {
                    // 当HP小于3时才加算
                    PlayerController.hp++;
                }
            }
            // ++++ 获得道具时的画面效果 ++++
            // 消除碰撞体积
            gameObject.GetComponent<CircleCollider2D>().enabled = false;
            // 获取道具的 Rigidbody2D
```

```
            Rigidbody2D itemBody = GetComponent<Rigidbody2D>();
            // 恢复重力
            itemBody.gravityScale = 2.5f;
            // 稍稍向上弹起的效果
            itemBody.AddForce(new Vector2(0, 6), ForceMode2D.Impulse);
            // 0.5 s后删除
            Destroy(gameObject, 0.5f);
        }
    }
}
```

◆ 1. 枚举类型

枚举类型定义了道具的种类。

参阅：9.1.1 节"枚举类型"。

◆ 2. 变量

定义了一个属于枚举类型的 **ItemType** 类型的变量 **type**。在获得道具的时候根据这个变量来判断获得的是哪种道具。**count** 则定义了当道具为箭矢的时候能够获取的箭矢数量。

arrangeId 变量是之后在保存配置数据时会用到的变量。下一章会详细介绍。

◆ 3. OnTriggerEnter2D 方法

在道具与玩家产生接触的时候，需要显示特殊效果。将道具的游戏物体向上稍稍弹起，并在 0.5s 后删除。

接下来，需要确认各个道具的"Type"是否做了正确的设置。

另外箭矢的 Item Data (Script) 的"Count"需要设为 3。这样每次拾取箭矢时总数就会增加 3 支，如图 9-14 所示。

做完这一步，将层级视图中的游戏物体

图 9-14

拖放到 Prefab 文件夹中预制，再把场景视图中的游戏物体删掉。

9.2.3　制作宝箱

接下来制作用来存放道具的宝箱。将宝箱的图像（Item_3）拖放到场景视图中生成游戏物体。

游戏物体的名称设为"ItemBox"，并为其设定一个"ItemBox"标签。将 Sprite Renderer 的"Order in Layer"设为 2，如图 9-15 所示。

需要附着的组件是 Circle Collider 2D。其实也可以用 Box Collider 2D，但是为了使玩家角色在发生接触的时候不容易被勾出，在地图上行动更加自由，这里还是采用了圆形的碰撞体积。

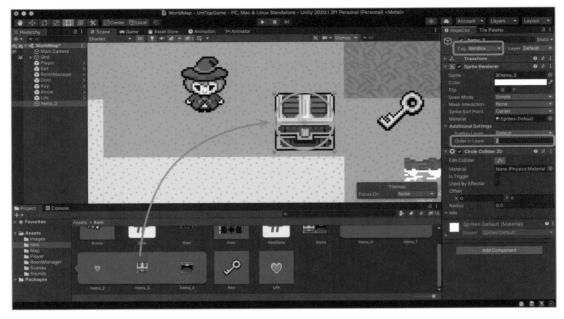

图 9-15

9.2.4　编写用于宝箱管理的脚本（ItemBox）

接下来编写用于宝箱管理的脚本。在 Item 文件夹中新建一个 ItemBox 脚本，并将其附着到场景视图中的 ItemBox 上去。

```
using System.Collections;
using System.Collections.Generic;
using UnityEngine;

public class ItemBox : MonoBehaviour
{
    public Sprite openImage;        // 开启后的图像
    public GameObject itemPrefab;   // 出现的道具的预制
    public bool isClosed = true;    // true= 关闭状态，false= 开启状态
    public int arrangeId = 0;       // 用于识别配置

    // Start is called before the first frame update
    void Start()
    {

    }

    // Update is called once per frame
    void Update()
    {
```

```
    }

    // 接触
    private void OnCollisionEnter2D(Collision2D collision)
    {
        if (isClosed && collision.gameObject.tag == "Player")
        {
            // 箱子在关闭状态下与玩家接触
            GetComponent<SpriteRenderer>().sprite = openImage;
            isClosed = false;    // 进入开启状态
            if(itemPrefab != null)
            {
                // 用预制生成道具
                Instantiate(itemPrefab, transform.position, Quaternion.identity);
            }
        }
    }
}
```

◆ 1. 变量

openImage 变量用来设定宝箱开启后的精灵。itemPrefab 变量用来配置从宝箱中出现的道具的预制。

在 Unity 编辑器中将 openImage 设定为宝箱开启后的图像，如图 9-16 所示。

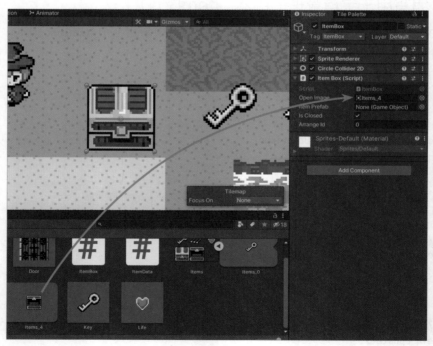

图 9-16

`isClosed` 是用来记录宝箱"处于关闭状态（`true`）"还是"处于开启状态（`false`）"的旗标。`arrangeId` 变量是下一章中用来保存配置数据的变量。

◆ 2. OnCollisionEnter2D 方法

检查玩家接触时箱子是否处于关闭状态，然后用预制生成道具。将宝箱的图像更改为开启后的图像，并用 `Instantiate` 从预制生成道具。

用 `if` 语句确认 `itemPrefab` 是否为 `null`（是否设定了预制），如果为 `null`，则相当于没有道具的空箱子。生成的道具将直接通过接触而被玩家获取。

做完了这一步，将宝箱预制。

要用到宝箱的时候，将宝箱配置到场景中，并将 Item Box (Script) 的"Item Prefab"设置为想要的道具的预制，如图 9-17 所示。

9.2.5　启动游戏

将宝箱的内容设定为钥匙后启动游戏。当玩家角色接触到宝箱的时候，宝箱就会开启并弹出一把钥匙，如图 9-18 所示。

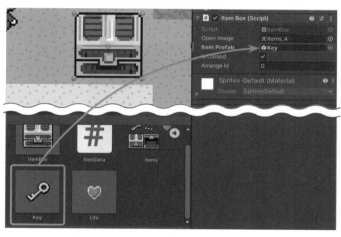

图 9-17

图 9-18

9.3　制作敌方角色

接下来制作会朝着玩家角色袭击过来的敌方角色。敌方角色通常处于待机状态，只有当玩家角色靠近到一定距离时才会开始向着玩家角色移动，触碰到玩家角色后就会对玩家角色造成伤害。

敌方角色的相关数据，统一保存在 Enemy 文件夹中。因此需要新建一个 Enemy 文件夹。

9.3.1　制作敌方角色的游戏物体

敌方角色的图像也是由多重精灵构成的。Image 文件夹中的"EnemyImage"就是敌方角色的图像。将 EnemyImage 图像移动到 Enemy 文件夹中去。

在精灵的构成上，除了最下面一行的待机模式以外，与玩家角色是几乎一样的，如图 9-19 所示。由于和玩家角色一样是由 32×32 像素的点阵图构成的，所以可以用 Sprite Editor 切割。

参阅：8.3.2 节。

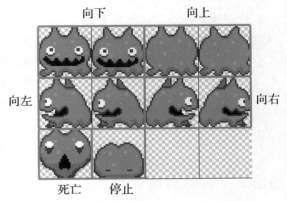

图 9-19

敌方角色一开始没有动画效果，只是停在那里。首先制作待机模式。从多重精灵中将"EnemyImage_9"拖放到场景视图中生成游戏物体，如图 9-20 所示。游戏物体的名称设为"Enemy"。

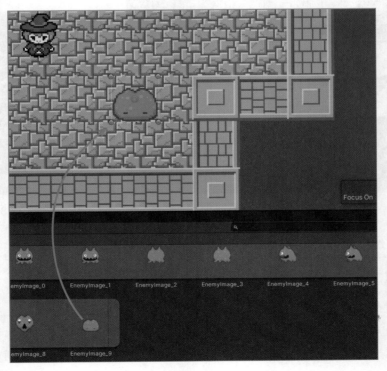

图 9-20

游戏物体生成后，将必要的组件附着上去。本次需要附着的是 Circle Collider 2D 和 Rigidbody 2D。

新建并设置 "Enemy" 标签，将 Sprite Renderer 的 "Order in Layer" 设为 3，Rigidbody 2D 的 "Gravity Scale" 设为 0，并且选中 "Freeze Rotation" 的 "Z" 选项，如图 9-21 所示。

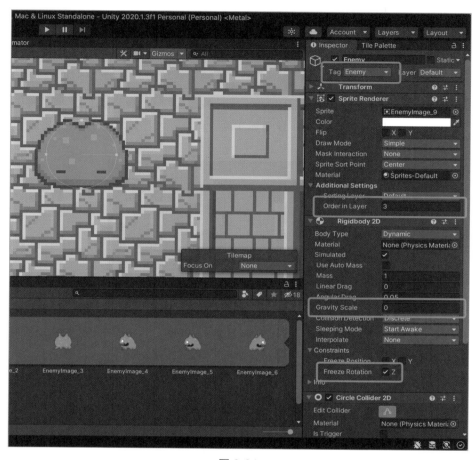

图 9-21

9.3.2 制作敌方角色的动画效果

接下来制作待机状态的动画效果。在选中敌方角色的游戏物体的前提下，打开动画窗口。

单击窗口中央的 "Create" 按钮，打开保存动画剪辑的对话框，如图 9-22 所示。指定 Enemy 文件夹后，以 "EnemyIdle" 为名保存。

可以看到，生成了一个名为 Enemy（和游戏物体同名）的画师控制器，以及一个名为 EnemyIdle 的动画剪辑文件，如图 9-23 所示。

图 9-22

图 9-23

单击"Add Property"按钮，并单击 Sprite Renderer 的"Sprite"右侧的"+"按钮，如图 9-24 所示。这样就做好了待机模式下仅由一帧构成的动画效果。

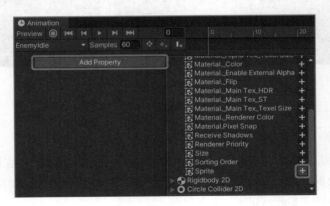

图 9-24

接下来制作上下左右的移动动画效果。动画效果的制作方法与玩家角色的动画效果的制作方法是一样的。

参阅：4.5.5 节。

接下来，将用到的图像素材拖放到场景视图中生成动画剪辑。动画效果名如表 9-1 所示，都保存在 Enemy 文件夹中。

表 9-1

方向	使用的图像素材	动画效果名
向下	EnemyImage_0 ～ EnemyImage_1	EnemyDown
向上	EnemyImage_2 ～ EnemyImage_3	EnemyUp
向左	EnemyImage_4 ～ EnemyImage_5	EnemyLeft
向右	EnemyImage_6 ～ EnemyImage_7	EnemyRight

动画剪辑完成后，将场景视图中的游戏物体和项目视图中的画师控制器全部删除。然后打开画师视图，将 EnemyDown、EnemyUp、EnemyLeft 和 EnemyRight 的动画剪辑都拖放进去，如图 9-25 所示。

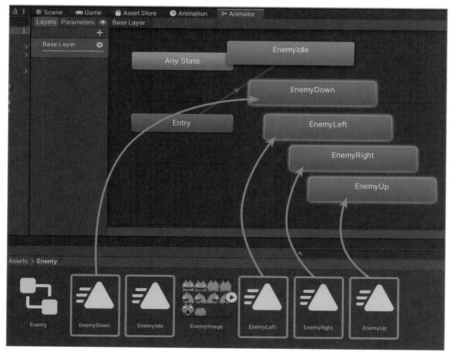

图 9-25

最后打开动画窗口，将死亡的模式添加进去。对敌方角色也要应用"逐渐变得透明"的动画效果。

参阅：4.5.9 节。

图像素材使用"EnemyImage_8"，动画剪辑的名称为"EnemyDead"，如图 9-26 所示。

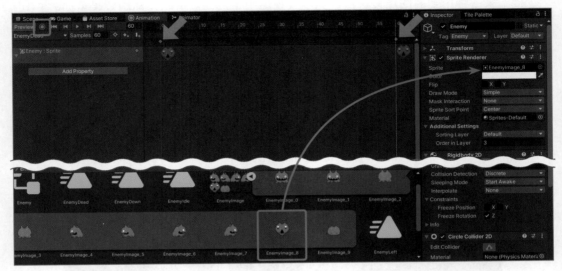

图 9-26

9.3.3　编写敌方角色的脚本（EnemyController）

新建一个 EnemyController 脚本，保存到 Enemy 文件夹中，并将其附着到 Enemy 上去。下面是 EnemyController 脚本的内容。

```csharp
using System.Collections;
using System.Collections.Generic;
using UnityEngine;

public class EnemyController : MonoBehaviour
{
    // 生命值
    public int hp = 3;
    // 移动速度
    public float speed = 0.5f;
    // 反应距离
    public float reactionDistance = 4.0f;
    // 动画效果名
    public string idleAnime = "EnemyIdle";      // 停止
    public string upAnime = "EnemyUp";          // 向上
    public string downAnime = "EnemyDown";      // 向下
    public string rightAnime = "EnemyRight";    // 向右
    public string leftAnime = "EnemyLeft";      // 向左
    public string deadAnime = "EnemyDead";      // 死亡
```

```csharp
    // 当前的动画效果
    string nowAnimation = "";
    // 之前的动画效果
    string oldAnimation = "";
float axisH;                   // 横轴的值 (-1.0 ~ 1.0)
float axisV;                   // 纵轴的值 (-1.0 ~ 1.0)
Rigidbody2D rbody;             // Rigidbody 2D

bool isActive = false;         // 激活的旗标

public int arrangeId = 0;                          // 用于识别配置

// Start is called before the first frame update
void Start()
{
    // 获取 Rigidbody2D
    rbody = GetComponent<Rigidbody2D>();
}


// Update is called once per frame
void Update()
{
    // 获取Player的游戏物体
    GameObject player = GameObject.FindGameObjectWithTag("Player");
    if(player != null)
    {
        if (isActive)
        {
            // 计算到玩家的角度
            float dx = player.transform.position.x - transform.position.x;
            float dy = player.transform.position.y - transform.position.y;
            float rad = Mathf.Atan2(dy, dx);
            float angle = rad * Mathf.Rad2Deg;
            // 根据移动的角度变更动画效果
            if (angle >= -45.0f && angle <= 45.0f)
            {
                nowAnimation = rightAnime;
            }
            else if (angle > 45.0f && angle < 135.0f)
            {
                nowAnimation = upAnime;
            }
            else if (angle > -135.0f && angle < -45.0f)
            {
                nowAnimation = downAnime;
            }
            else
            {
                nowAnimation = leftAnime;
```

```
                }
                // 制作移动用的向量
                axisH = Mathf.Cos(rad) * speed;
                axisV = Mathf.Sin(rad) * speed;
            }

            else
            {
                // 检查与玩家间的距离
                float dist = Vector2.Distance(transform.position, player.transform.position);
                if (dist < reactionDistance)
                {
                    isActive = true;     // 激活
                }
            }
        }
        else if( isActive )
        {
            isActive = false;
            rbody.velocity = Vector2.zero;
        }
    }
    void FixedUpdate()
    {
        if (isActive && hp > 0)
        {
            // 移动
            rbody.velocity = new Vector2(axisH, axisV);
            if (nowAnimation != oldAnimation)
            {
                // 切换动画效果
                oldAnimation = nowAnimation;
                Animator animator = GetComponent<Animator>();
                animator.Play(nowAnimation);
            }
        }
    }


    private void OnCollisionEnter2D(Collision2D collision)
    {
        if (collision.gameObject.tag == "Arrow")
        {
            // 伤害
            hp--;
            if (hp <= 0)
            {
                // 死亡!
                // ====================
                // 死亡时的显示效果
```

```
// ===================
// 删除碰撞体积
GetComponent<CircleCollider2D>().enabled = false;
// 停止移动
rbody.velocity = new Vector2(0, 0);
// 切换动画效果
Animator animator = GetComponent<Animator>();
    animator.Play(deadAnime);
    // 0.5s后消失
    Destroy(gameObject, 0.5f);
    }
  }
 }
}
```

◆ **1. 变量**

最开始的 **hp** 变量是敌方角色的生命值。当该数字变成 0 的时候敌方角色就会 "死亡"。
speed 以及其后的动画效果名和 **axisH**、**axisV**、**rbody** 等都和玩家角色是一样的。这里将动画效果名设成了之前制作的动画剪辑的名称。为了之后能够在 Unity 编辑器中进行修改，附上了 **public**。

reactionDistance 是敌方角色开始追赶玩家的反应距离。配置好敌方角色后，需要单独编辑其反应距离，因此附上了 **public**。

isAcitve 是敌方角色是否追赶玩家的旗标，为 **true** 则追赶玩家。

arrangeId 是第 10 章中会用到的用来保存配置数据的变量。

◆ **2. Start 方法**

获取 **Rigidbody2D** 并存入变量中。

◆ **3. Update 方法**

用 **FindGameObjectWithTag** 方法寻找玩家角色。之所以始终需要寻找玩家角色，是因为当游戏失败时，玩家角色会从场景中消失。找不到玩家角色的话，就将敌方角色从活动状态（追赶玩家角色的状态）改为非活动状态，并停止移动。

找到玩家角色后，则根据 **isActive** 旗标是 **true** 还是 **false** 来分别进行处理。如果 **isActive** 为 **true**，则通过 **Mathf** 的 **Atan2** 方法的三角函数计算出敌方角色朝向玩家的角度，根据角度计算的结果 **nowAnimation** 设定相应的动画效果名。

利用 **Mathf** 的 **Cos** 和 **Sin** 方法，从角度计算出纵横方向的移动向量，乘上移动速度，分别赋给 **axisH** 和 **axisV**，之后在 **FixedUpdate** 方法中更新速度。

如果 **isActive** 为 **false**，则检查敌方角色与玩家角色间的距离，当其小于反应距离时，就将 **isActive** 设为 **true**，敌方角色便开始追赶玩家角色。

◆ 4.FixedUpdate 方法

当 isActive 为 true 时，如果 hp 大于 0，则改变敌方角色的速度，使敌方角色朝着玩家角色移动，并切换动画效果。

◆ 5.OnCollisionEnter2D 方法

这里进行了当敌方角色被玩家角色射出的箭矢击中时的处理。确认接触到的游戏物体的标签是否为"Arrow"，如果是，则将敌方角色的 hp 减去 1，如果敌方角色的 hp 小于等于 0，就切换到死亡的动画效果，并在 0.5s 后将敌方角色的游戏物体删除。删除时使用了 Destroy 方法来实现延迟的效果。

将碰撞体积无效化的理由是：当敌方角色死亡后，即使玩家角色触碰到了也不至于受到伤害。

将敌方角色预制，如图 9-27 所示。

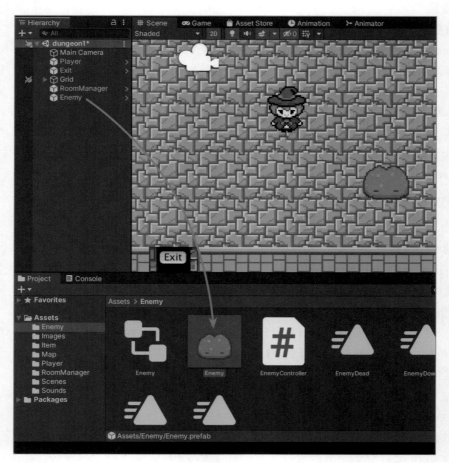

图 9-27

9.4　开发游戏的 UI

至此已经做完了游戏中要用到的所有游戏物体。最后，和 Side View 游戏一样，需要开发游戏的 UI。

新建一个 UIManager 文件夹，将 UI 相关的数据都保存在里面。新建 UIManager 文件夹后，要随时将用到的图像移动到里面。

9.4.1　游戏的 UI 组成

游戏必需的 UI 包括显示各道具的持有数量和 HP 的 UI、游戏失败的显示、再挑战按钮，以及可以通过触摸操作来控制玩家角色的虚拟面板和攻击按钮（和 Side View 游戏相同）。

9.4.2　显示道具的持有数量

接下来制作显示箭矢和钥匙持有数量的 Image 和 Text 对象。通过层级视图的 "＋" →
"UI" → "Image" 添加一个 Canvas 和 Image。将 Image 的名字改为 "ItemImage"。

参阅：5.1 节。

将 "Render Mode" 改为 "Screen Space-Camera"，"Render Camera" 设定为 "Main Camera"，Canvas 的 "Order in Layer" 设为 10，如图 9-28 所示。

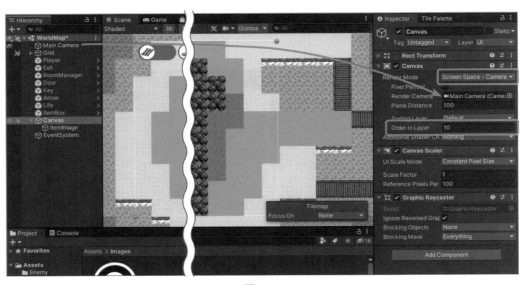

图 9-28

ItemImage 所使用的图像为 "ItemImage"。选中 Canvas 下面的 "ItemImage"，将项目

视图中的 ItemImage 拖放到检视视图中的"Image"→"Source Image"上去。此时,需要单击"Set Native Size"按钮将图像设定为原始尺寸,如图 9-29 所示。此外,还需要选中"Preserve Aspect"选项以固定长宽比。

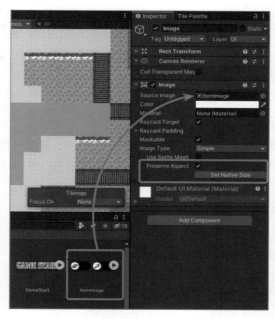

图 9-29

将图像移动到画面的左上角,在该位置固定显示。因此需要将"Rect Transform"的"Anchor Presets"设定为左上,如图 9-30 所示。

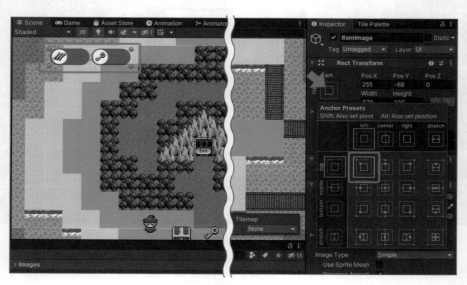

图 9-30

接下来需要配置 2 个用于显示道具数量的文本，并将其设置为 ItemImage 的子对象。调整各文本对象的 Text 组件，使文本易于辨认，如图 9-31 所示。

字体调整如图 9-32 所示。

图 9-31

图 9-32

- Font Size：52。
- Alignment：居中对齐。
- Color：白色。

9.4.3　显示玩家的 HP

接下来制作玩家 HP 的显示图案。用到的图像为"Life"。由于此图像使用了多重精灵，因此先要用 Sprite Editor 进行切割。

参阅：8.3.2 节。

使用"Automatic"将图像切割为 4 个小图像，从左至右分别为 HP 0 → 1 → 2 → 3 的图案，如图 9-33 所示。

图 9-33

第 9 章　升级 Top View 动作游戏

在 Canvas 上配置一个 Image，将"Source Image"设为"Life_0"，并将图像设定为原始尺寸，配置到画面的右上角，如图 9-34 所示。

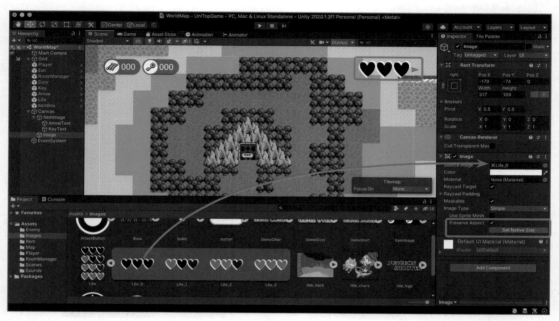

图 9-34

由于 HP 的显示图案需要固定在画面的右上角，因此将"Rect Transform"的"Anchor Presets"设为右上，如图 9-35 所示。

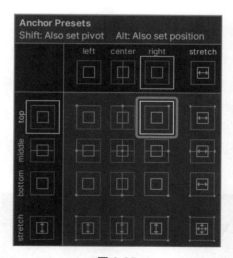

图 9-35

9.4.4　显示游戏状态

与 Side View 游戏同样，需要制作游戏开始、游戏失败 / 游戏通关时的画面。在 Canvas 上添加一个 Image。

将 Image 的"Source Image"设定为项目视图中的 GameStart 图像，如图 9-36 所示。单击"Set Native Size"，将其更改为原始尺寸。位置设定在画面的中央偏上，并将"Rect Transform"的"Anchor Presets"设为中央上方。

图 9-36

9.4.5　添加再挑战按钮

接下来添加用于在游戏失败时可以再次尝试的再挑战按钮。

在 Canvas 上添加一个按钮，名称改为"RetryButton"。将 button 设定为按钮的图像，并将"Text"设为"RETRY"，如图 9-37 所示。

9.4.6　制作智能手机用的操作 UI

与 SideView 游戏一样，制作一个用于智能手机操作的操作 UI。这里用到的 UI 为控制移动用的虚拟面板以及攻击按钮。

图 9-37

9.4.7　设定 360° 的虚拟面板

虽然虚拟面板的图像与 Side View 游戏不同，但是 UI 的构成是一样的。

参阅：7.7 节。

在 Canvas 上配置一个 Panel，在它下面配置控制移动用的虚拟面板，如图 9-38 所示。然后通过"UI"→"Image"，新增一个 Image，将其移动到画面的左下角（图像使用 VirtualPad4D），名称改为"VirtualPadBase"，再增加一个 Image 作为其子对象（图像使用 VirtualPadTab），名称改为"VirtualPad"。

通过"UI"→"Button"添加攻击按钮，并配置到画面的右下角（图像使用 AttachButton），名称改为"AttachButton"。各元素的"Rect Transform"的"Anchor Presets"都采用与 Side View 游戏同样的设置。

VirtualPad 脚本也直接沿用 Side View 游戏。从 Side View 游戏的项目中直接复制过来，并附着到 VirtualPad 上。本次由于需要允许玩家角色上下左右移动，因此需要选中"Is 4D Pad"复选框，如图 9-39 所示。

选中"VirtualPad"，为其增加一个 Event Trigger 组件。添加完成后，单击"Add New Event Type"按钮，增加"Pointer Down""Drag"和"Pointer Up"3 个事件。

然后单击"+"按钮，增加列表项，将层级视图中的"VirtualPad"拖放到"None (Object)"上去。

图 9-38

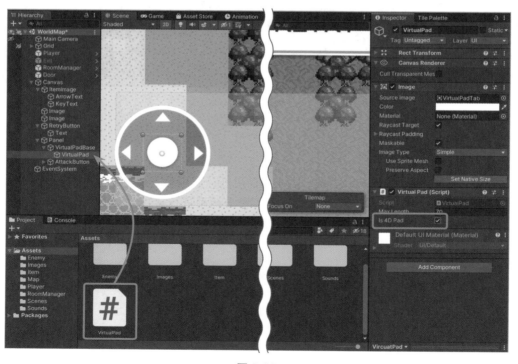

图 9-39

接下来从 Pointer Down、Drag 和 Pointer Up 的"None Function"下拉菜单中，分别选择"VirtualPad"→"PadDown ()""VirtualPad"→"PadDrag ()"和"VirtualPad"→"PadUp ()"，如图 9-40 所示。

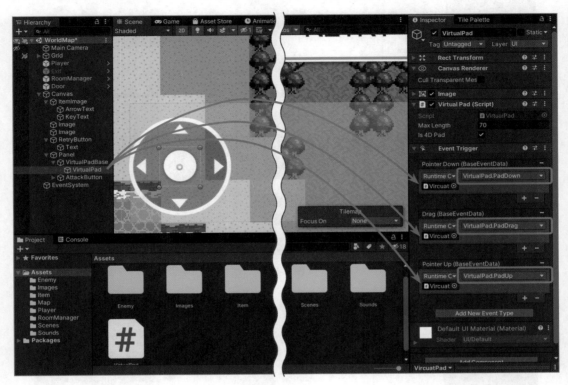

图 9-40

9.4.8　设置攻击按钮

接下来需要对 **VirtualPad** 类做一点小小的更新：调用附着在 Player 上的 **ArrowAttack** 类的 **Attack** 方法。通过在 **VirtualPad** 类中对攻击调用进行转接，实现了在其他场景中用到这个 UI 的时候也能够轻松完成设置。

```
using System.Collections;
using System.Collections.Generic;
using UnityEngine;
using UnityEngine.UI;

public class VirtualPad : MonoBehaviour
{
    ～ 省略 ～
```

```
    // 攻击
    public void Attack()
    {
        GameObject player = GameObject.FindGameObjectWithTag("Player");
        ArrowShoot shoot = player.GetComponent<ArrowShoot>();
        shoot.Attack();
    }
}
```

选中"AttackButton",增加一个 Event Trigger 组件。添加完成后,单击"Add New Event Button"增加一个 Point Down 事件。单击"+"按钮增加列表项,将层级视图中的"VirtualPad"拖放到"None (Object)"上去。然后在"Pointer Down"→"None Function"的下拉菜单中选择"VirtualPad.Attack ()",如图 9-41 所示。

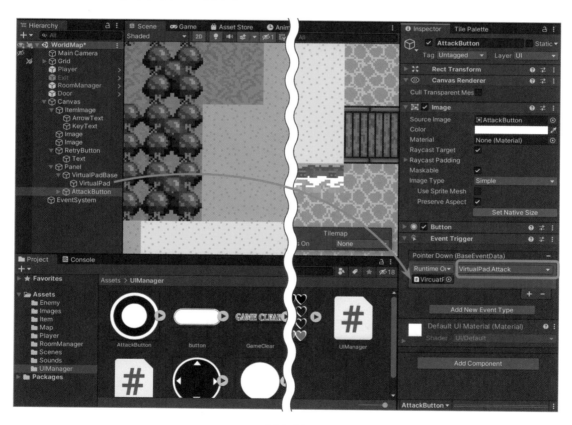

图 9-41

这样就可以使用虚拟面板和攻击按钮来控制玩家角色了。

9.4.9　编写用于管理游戏 UI 的脚本

接下来在 UIManager 中新建一个用于管理游戏 UI 的脚本，并将其附着到 Canvas 上去。目的是对刚才我们实现的道具和 HP 的显示进行更新。下面是 UIManager 的更新部分。

```csharp
using System.Collections;
using System.Collections.Generic;
using UnityEngine;
using UnityEngine.SceneManagement;
using UnityEngine.UI;

public class UIManager : MonoBehaviour
{
    int hasKeys = 0;                     // 钥匙的数量
    int hasArrows = 0;                   // 箭矢的持有数量
    int hp = 0;                          // 玩家的HP
    public GameObject arrowText;         // 用于显示箭矢数量的Text
    public GameObject keyText;           // 用于显示钥匙数量的Text
    public GameObject hpImage;           // 用于显示HP数量的Image
    public Sprite life3Image;            // HP3 图像
    public Sprite life2Image;            // HP2 图像
    public Sprite life1Image;            // HP1 图像
    public Sprite life0Image;            // HP0 图像
    public GameObject mainImage;         // 带有图像的GameObject
    public GameObject resetButton;       // 再挑战按钮
    public Sprite gameOverSpr;           // GAME OVER 图像
    public Sprite gameClearSpr;          // GAME CLEAR 图像
    public GameObject inputPanel;        // 配置了虚拟面板和攻击按钮的操作面板

    public string retrySceneName = "";   // 再挑战的场景名称

    // Start is called before the first frame update
    void Start()
    {
        UpdateItemCount();  // 更新道具数量
        UpdateHP();         // 更新HP
        // 隐藏图像
        Invoke("InactiveImage", 1.0f);
        resetButton.SetActive(false);  // 隐藏按钮
    }

    // Update is called once per frame
    void Update()
    {
        UpdateItemCount();  // 更新道具数量
        UpdateHP();         // 更新HP
    }

// 更新道具数量
void UpdateItemCount()
```

```
{
    // 箭矢
    if (hasArrows != ItemKeeper.hasArrows)
    {
        arrowText.GetComponent<Text>().text = ItemKeeper.hasArrows.ToString();
        hasArrows = ItemKeeper.hasArrows;
    }
    // 钥匙
    if (hasKeys != ItemKeeper.hasKeys)
    {
        keyText.GetComponent<Text>().text = ItemKeeper.hasKeys.ToString();
        hasKeys = ItemKeeper.hasKeys;
    }
}

// 更新 HP
void UpdateHP()
{
    // 获取 Player
    if(PlayerController.gameState != "gameend")
    {
        GameObject player = GameObject.FindGameObjectWithTag("Player");
        if (player != null)
        {
            if (PlayerController.hp != hp)
            {
                hp = PlayerController.hp;
                if (hp <= 0)
                {
                    hpImage.GetComponent<Image>().sprite = life0Image;
                    // 玩家死亡!
                    resetButton.SetActive(true);      // 显示按钮
                    mainImage.SetActive(true);        // 显示图像
                    // 设定图像
                    mainImage.GetComponent<Image>().sprite = gameOverSpr;
                    inputPanel.SetActive(false);      // 隐藏操作UI
                    PlayerController.gameState = "gameend";   // 游戏结束
                }
                else if (hp == 1)
                {
                    hpImage.GetComponent<Image>().sprite = life1Image;
                }
                else if (hp == 2)
                {
                    hpImage.GetComponent<Image>().sprite = life2Image;
                }
                else
                {
                    hpImage.GetComponent<Image>().sprite = life3Image;
```

```
                    }
                }
            }
        }
    }

    // 再挑战
    public void Retry()
    {
        // 恢复 HP
        PlayerController.hp = 3;
        // 回到游戏中
        SceneManager.LoadScene(retrySceneName);    // 切换场景
    }

    // 隐藏图像
    void InactiveImage()
    {
        mainImage.SetActive(false);
    }
}
```

为了能够实现 UI 和场景的切换，不要忘记在脚本的开头增加下述代码。

```
using UnityEngine.SceneManagement;
using UnityEngine.UI;
```

◆ 1. 变量

增加了 3 个变量，分别用来记录箭矢和钥匙的道具数量，以及玩家的 HP。由于只在脚本内使用，因此没有必要加上 public。

接下来的 3 个 GameObject 变量用于 Canvas 上的 UI。inputPanel 是配置了虚拟面板和攻击按钮的面板，之后需要在 Unity 编辑器中进行设置。

4 个 Sprite 类型的变量是 HP 的图像。resetButton 是按钮的图像，gameOverSpr 是游戏失败时显示的图像，gameClearSpr 是游戏通关时显示的图像。这些图像之后也需要在 Unity 编辑器中设置。游戏通关的处理在下一章中介绍。

retrySceneName 中输入的是游戏失败的时候通过再挑战按钮切换到的场景名称。这之后也需要在 Unity 编辑器中进行设置。

◆ 2. Start 方法 /Update 方法

在 Start 方法和 Update 方法中调用了 UpdateItemCount 方法和 UpdateHP 方法。这些方法是用来更新道具数量和 HP 显示的。

◆ 3. UpdateItemCount 方法

比较 static 变量 ItemKeeper 所带的各道具数量，以及与其同名的变量的值，如果不同的话就更新文本的显示内容。

4. UpdateHP 方法

检查 static 变量 PlayerController.gameState，如果值不为"gameend"，则通过 FindGameObjectWithTag 方法寻找玩家角色，如果其所带的变量 hp 和与它同名的变量的值不同的话，就更新 HP 的显示图像。

当 HP 小于等于 0 的时候，则显示"GAME OVER"，并隐藏操作 UI。

5. Retry 方法

在游戏失败的时候读取 Stage1 并从头开始的方法。需要设定成通过 Canvas 上的再挑战按钮才能调用本方法。

参阅：5.1 节。

将 Canvas 上配置的各个 UI 拖放到 UIManager 上进行设置，并将生命值图像、游戏通关图像，以及游戏失败图像分别拖放设置，如图 9-42 所示。

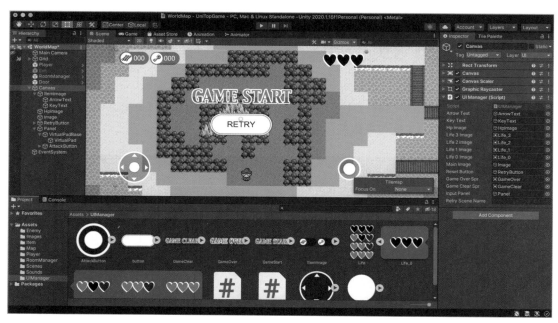

图 9-42

做完了这一步，将 Canvas 预制。

6. 将预制配置到其他场景中

在将预制的 Canvas 配置到其他场景中时，可以通过将 UIManager 预制拖放到场景中来实现。此时，可以任意选择拖放到场景视图或是层级视图中，如图 9-43 所示。

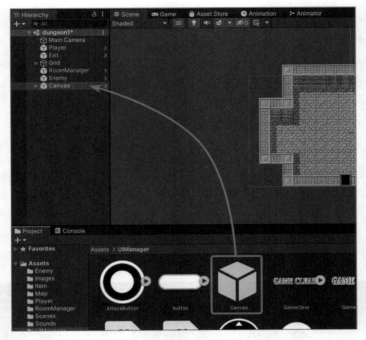

图 9-43

然后，在检视视图的 Canvas 中将 "Render Camera" 设置为 "Main Camera"，如图 9-44 所示。这样 Canvas 的 UI 就与摄像机对应好了。

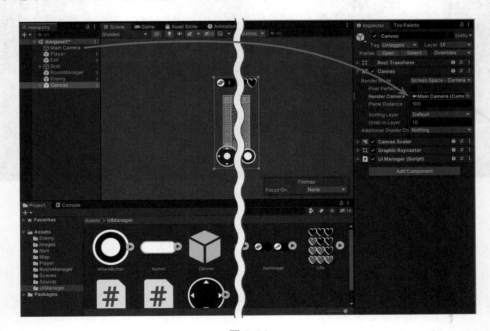

图 9-44

最后，依次选择层级视图中的"+"→"UI"→"Event System"，将 Event System 添加到层级视图中，如图 9-45 所示。缺少了这个 Event System，UI 就不会响应操作，因此一定不要忘记。不过，如果已经有了 Event System，就不需要再添加了。

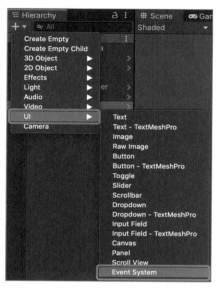

图 9-45

做到这里，就完成了 Top View 游戏的基础系统。敌人和道具已配置好，玩家角色在各个房间之间往返穿梭是没问题的。可是在玩家角色回到之前的房间时，会发现已经拾取的道具会再次出现。这是由于各个场景的状态没有得到保存。

第 10 章中将实现保存场景变化状态的处理并完成 boss 关，从而完成整个游戏。

Chapter 10

第 10 章
完善 Top View 游戏

小贴士

下载完整的数据

本章制作的项目的完整数据，可以通过网址 https://www.shoeisha.co.jp/book/download/3611/read 下载。

10.1 增加标题界面

与 Side View 游戏相同，Top View 游戏也需要一个标题界面。Top View 游戏还需要有继续游戏的功能。在标题界面上配置" GAME START "和" CONTINUE "两个按钮，在启动游戏后单击" CONTINUE "按钮后就可以从上次游戏中断的地方再次开始，实现进度保存的功能。

10.1.1 制作标题界面

制作一个新的场景。场景名称设为" Title "。打开" Build Settings "，将项目视图的" Title "场景拖放到上面，即添加在 Scenes In Build 的最上面，如图 10-1 所示。

参阅：2.2.12 节。

新建一个 Title 文件夹，保存和标题相关的数据。其他用到的图像也需随时移动到 Title 文件夹中以便整理。

10.1.2 制作标题界面的 UI

接下来制作标题画面的 UI，最终效果如图 10-2 所示。准备背景图像（title_back）、角色

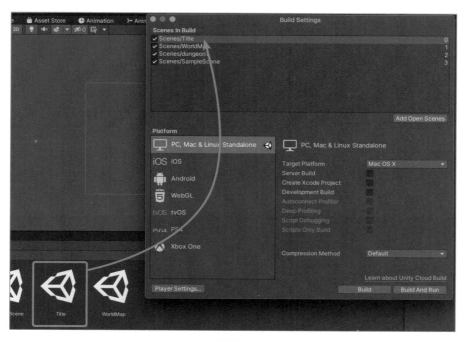

图 10-1

图 10-2

图像（title_chara）、logo（title_logo）、开始按钮（bt_gamestart），以及继续按钮（bt_continue）作为标题界面用到的图像。将背景图像、角色图像、标题 logo、开始游戏按钮和继续游戏按钮这 5 个 UI 对象配置到标题界面中。具体做法请参考第 6 章。

参阅：6.2 节。

10.1.3　编写用来管理标题界面的脚本

本次的标题界面，不仅仅可以从头开始游戏，还具有从上次中断的地方开始的功能。

在 Title 文件夹中新建一个 TitleManager 脚本，并将其附着到层级视图中的 Canvas 中，如图 10-3 所示。

图 10-3

附着完成后，打开 TitleManager 脚本进行编辑。下面是 TitleManager 脚本的更新内容。

```
using System.Collections;
using System.Collections.Generic;
using UnityEngine;
using UnityEngine.UI;
using UnityEngine.SceneManagement;

public class TitleManager : MonoBehaviour
```

```
{
    public GameObject startButton;      // 开始按钮
    public GameObject continueButton;   // 继续按钮

    // Start is called before the first frame update
    void Start()
    {

    }

    // Update is called once per frame
    void Update()
    {

    }

    // 单击开始按钮
    public void StartButtonClicked()
    {

    }

    // 单击继续按钮
    public void ContinueButtonClicked()
    {

    }
}
```

为了实现对 UI 和场景的读取，需要在脚本的最前面添加下面 2 行代码。

```
using UnityEngine.UI;
using UnityEngine.SceneManagement;
```

◆ 1. 变量

增加了 2 个变量用于对应 GAME START 按钮和 CONTINUE 按钮的游戏物体。之后需要在 Unity 编辑器中将其设定为层级视图中的 StartButton 和 ContinueButton。

◆ 2. StartButtonClicked 方法 /ContinueButtonClicked 方法

增加了 2 个带有 public 变量的方法：StartButtonClicked 和 ContinueButtonClicked。分别用于对应单击 GAME START 按钮和 CONTINUE 按钮。这些方法暂时留空。之后会在继续游戏的处理中添加内容。

后续要将 TitleManager 的 public 变量设置为 GAME START 按钮和 CONTINUE 按钮，如图 10-4 所示。

图 10-4

10.1.4　设置 GAME START 按钮

在层级视图中选中"StartButton"，单击检视视图中 Button 组件的"On Click ()"的
"+"按钮，添加一个事件。将游戏物体设置为 Canvas，并在右侧的弹出菜单中选择"TitleM
anager"→"StartButtonClicked ()"，如图 10-5 所示。

图 10-5

10.1.5　设置 CONTINUE 按钮

需要对 ContinueButton 进行与 StartButton 相同的设置。对于 ContinueButton，从弹出菜单中选择"TitleManager"→"ContinueButtonClicked ()"，如图 10-6 所示。

图 10-6

10.2 保存游戏数据

下面建立游戏从中断处开始的机制。

之前为了在场景切换时保存变量的值，使用了 **static** 变量。

参阅：4.5.12 节的小贴士"不会消失的 static 变量"。

然而，一旦关闭游戏，**static** 变量的值就会消失。为了在下次开始游戏时游戏从中断处开始，需要在某个地方保存数据。

本游戏需要保存的数据包括持有的道具数量、玩家的 HP、当前的场景名、场景上配置的道具、进入的门的编号、打开的门，以及击倒的敌人。游戏数据的保存在场景切换时自动进行。

10.2.1　使用 PlayerPrefs 类保存或读取数据

　　首先需要保存的是持有的道具数量、玩家的 HP、当前的场景名和进入的门的编号。这些只需要保存数值（道具数量、门的编号）和字符串（场景名）就可以实现。对于这种情况，使用 PlayerPrefs 类会很方便。

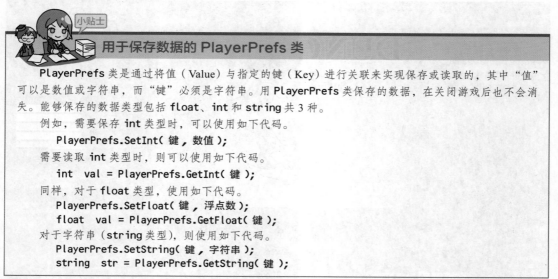

用于保存数据的 PlayerPrefs 类

　　PlayerPrefs 类是通过将值（Value）与指定的键（Key）进行关联来实现保存或读取的，其中"值"可以是数值或字符串，而"键"必须是字符串。用 PlayerPrefs 类保存的数据，在关闭游戏后也不会消失。能够保存的数据类型包括 float、int 和 string 共 3 种。

　　例如，需要保存 int 类型时，可以使用如下代码。

```
PlayerPrefs.SetInt( 键，数值);
```

需要读取 int 类型时，则可以使用如下代码。

```
int  val = PlayerPrefs.GetInt( 键);
```

同样，对于 float 类型，使用如下代码。

```
PlayerPrefs.SetFloat( 键，浮点数);
float  val = PlayerPrefs.GetFloat( 键);
```

对于字符串（string 类型），则使用如下代码。

```
PlayerPrefs.SetString( 键，字符串);
string  str = PlayerPrefs.GetString( 键);
```

10.2.2　编写保存和读取道具数量的脚本

　　首先来实现保存或读取持有的道具数量。由于在 ItemKeeper 类中做了记录道具数量的处理，因此需要对 ItemKeeper 类进行如下更新。

```
using System.Collections;
using System.Collections.Generic;
using UnityEngine;

public class ItemKeeper : MonoBehaviour
{
    public static int hasKeys = 0;          // 钥匙（Key）的数量
    public static int hasArrows = 0;        // 持有箭矢的数量

    // Start is called before the first frame update
    void Start()
    {
        // 读取道具
        hasKeys = PlayerPrefs.GetInt("Keys");
        hasArrows = PlayerPrefs.GetInt("Arrows");
    }
}
```

```
    // Start is called before the first frame update
    void Update()
    {

    }

    // 保存道具
    public static void SaveItem()
    {
        PlayerPrefs.SetInt("Keys", hasKeys);
        PlayerPrefs.SetInt("Arrows", hasArrows);
    }
}
```

◆ 1. Start 方法

在 Start 方法中进行了读取道具数量并赋值给变量的处理，使用了 PlayerPrefs 类的 GetInt 方法来为各个变量赋值。

◆ 2. SaveItem 方法

在 SaveItem 方法中对道具数量进行保存。比如，对于箭矢，以字符串 "Arrows" 为键，使用 PlayerPrefs 类的 SetInt 方法来保存玩家角色持有箭矢的数量。由于 SaveItem 方法需要从外部调用，因此指定了 public 和 static。

在需要保存道具数量的时候调用 SaveItem 方法，就可以实现在结束游戏后再次启动游戏时，重现道具数量。该方法之后会由 RoomManager 类的 ChangeScene 方法调用。

10.2.3 编写保存和读取玩家 HP 的脚本

接下来实现保存和读取玩家的 HP。由于 HP 的更新是在 PlayerController 类中实现的，因此需要对 PlayerController 类进行如下更新。

```
using System.Collections;
using System.Collections.Generic;
using UnityEngine;

public class PlayerController : MonoBehaviour
{
    ～ 省略 ～

    // Use this for initialization
    void Start()
    {
        ～ 省略 ～
        // 更新 HP
        hp = PlayerPrefs.GetInt("PlayerHP");
```

```
    }

    // Update is called once per frame
    void Update()
    {
        ～ 省略 ～
    }
    void FixedUpdate()
    {
        ～ 省略 ～
    }

    public void SetAxis(float h, float v)
    {
        ～ 省略 ～
    }
    // 计算并返回p1与p2的夹角
    float GetAngle(Vector2 p1, Vector2 p2)
    {
        ～ 省略 ～
    }
    // 接触（物理）
    private void OnCollisionEnter2D(Collision2D collision)
    {
        ～ 省略 ～
    }
    // 伤害
    void GetDamage(GameObject enemy)
    {
        if (gameState == "playing"
        {
            hp--;   // 减少 HP
            // 更新HP
            PlayerPrefs.SetInt("PlayerHP", hp);
            if (hp > 0)
            {
                ～ 省略 ～
            }
            else
            {
                ～ 省略 ～
            }
        }
    }
    // 伤害结束
    void DamageEnd()
    {
        ～ 省略 ～
    }
    // 游戏失败
```

```
        void GameOver()
        {
            ～ 省略 ～
        }
    }
```

1. Start 方法

在 `Start` 方法中，使用 `PlayerPrefs.GetInt` 方法读取了通过 "PlayerHP" 键保存的数值，并将其赋给 `hp` 变量。

2. GetDamage 方法

在 `GetDamage` 方法在对 `hp` 进行了更新后使用 `PlayerPrefs.SetInt` 方法保存了该数值。

3. ItemData 类

接下来需要对 `ItemData` 类的 `OnTriggerEnter2D` 方法进行更新。在拾取了生命道具后，使用 `PlayerPrefs.SetInt` 方法，通过 "PlayerHP" 键保存 `PlayerController.hp` 的值。

```
～ 省略 ～

public class ItemData : MonoBehaviour
{
    ～ 省略 ～

    // 接触（物理）
    private void OnTriggerEnter2D(Collider2D collision)
    {
        if (collision.gameObject.tag == "Player")
        {
            if (type == ItemType.key)
            {

                ～ 省略 ～

            }
            else if (type == ItemType.arrow)
            {

                ～ 省略 ～

            }
            else if (type == ItemType.life)
            {
                // 生命
                if (PlayerController.hp < 3)
                {
                    // 当HP小于3时才加1
                    PlayerController.hp++;
```

```
            // 更新 HP
            PlayerPrefs.SetInt("PlayerHP", PlayerController.hp);
        }
    }

    ～  省略  ～

    }
  }
}
```

这样在结束游戏后再次启动时仍然能够重现玩家的 HP。

10.2.4　使用 JSON 记录房间的配置

　　接下来要实现的是保存各个场景中配置的门的状态、道具（是否已被拾取）和敌人（是否已被击倒）。通过 **PlayerPrefs** 类可以保存像道具数量这样的数值，但是无法保存场景中的配置物的数据。

　　这里需要用到称为 JSON 的数据类型来保存配置物的数据。

什么是 JSON？

　　所谓 JSON，是 JavaScript Object Notation 的简称，这是一种用文本形式来表现的数据格式。其构造简单，易于使用，广泛应用于 APP 和互联网上的数据保存和交换。

　　通过一个例子来看看 JSON 具体是怎样一种数据格式。如下所示，在"{ }"（花括号）括起来的部分中，用"键"："值"的形式表现数据，同时将多个数据用","（逗号）连接起来。

```
{
    "hp" : 100,
    "name" : " Uni ",
    "speed" : 10.3,
    "isMoveing" : true
}
```

　　JSON 能够处理的数据类型包括数值、字符串、布尔值（**true/false**）、**null**（表示什么也没有）和数组等等。还可以把由"{ }"括起来的数据进一步用于嵌套。

　　在 Unity 中有一个叫作 **JsonUtility** 的类，可以通过它方便地使用 JSON 格式。为了保存配置数据，用 **JsonUtility** 类将其转换为 JSON 格式（文本），再使用 **PlayerPrefs** 类来保存这个文本。由于 JSON 属于文本，因此可以通过 **PlayerPrefs** 类的 **SetString** 方法来存取。

　　这里要保存的是打开的门、开启的宝箱、已拿取的道具，以及已击倒的敌人的信息。需要保存的信息是用于关联游戏物体的编号和类型。

　　编号采用到之前章节中制作的 **Door**、**ItemBox**、**ItemData** 和 **EnemyController** 类中的

arrangeId 变量。类型则使用各游戏物体的标签。

◆ 1. 编写用来记录配置物的脚本（SaveData）

在使用 JSON 来记录数据之前，需要定义与要保存的 JSON 构造相同的类。在 Room Manager 文件夹中新建一个名为 SaveData 的脚本，并作如下更新。

```
using System.Collections;
using System.Collections.Generic;
using UnityEngine;

[System.Serializable]
public class SaveData
{
    public int arrangeId = 0;          // 配置物 ID
    public string objTag = "";         // 配置物的标签
}

[System.Serializable]
public class SaveDataList
{
    public SaveData[] saveDatas;       // SaveData 数组
}
```

这里定义了 2 个类。在类的定义之前的"[System.Serializable]"，指的是这个类属于保存对象。暂且记住这是转换为 JSON 时所必需的代码就可以了。

SaveData 类带有 1 个配置物的数据，**SaveDataList** 则带有包含多个配置物的数组。这些类定义了将 JSON 格式（文本）的数据转换为类时的类型。

接下来用一个实例来说明：将"**arrangeId** 为 1，**objTag** 为 Item"和"**arrangeId** 为 2，**objTag** 为 Item"的数据写成 JSON 格式。

```
{"saveDatas":[{"arrangeId":1,"objTag":"Item"},{"arrangeId":2,"objTag":"Item"}]}
```

为了便于理解，添加换行和缩进，就变成了如下代码。

```
{
    "saveDatas":[
        {
            "arrangeId":1,
            "objTag":"Item"
        },
        {
            "arrangeId":2,
            "objTag":"Item"
        }
    ]
}
```

手写 JSON 文本时的要点

本书中不会直接手写 JSON 文本。但是，如果需要用文本编辑器手写 JSON 数据时，记得在最后的数据后面不要加上 ","（逗号）。

如果加上了 ","就会报错。

接下来编写用于存取 JSON 数据，并对配置数据进行管理的脚本。在 RoomManager 文件夹中新建 SaveDataManager 脚本，并将其附着到 RoomManager 的预制上去。下面是 SaveDataManager 的内容。

```csharp
using System.Collections;
using System.Collections.Generic;
using UnityEngine;

public class SaveDataManager : MonoBehaviour
{
    public static SaveDataList arrangeDataList;    // 配置数据

    // Start is called before the first frame update
    void Start()
    {
        // 初始化 SaveDataList
        arrangeDataList = new SaveDataList();
        arrangeDataList.saveDatas = new SaveData[] { };
        // 读取场景名
        string stageName = PlayerPrefs.GetString("LastScene");
        // 以场景名为键，读取保存的数据
        string data = PlayerPrefs.GetString(stageName);

if (data != "")
{
    // --- 存在存档数据 ---
    // 从JSON转换到SaveDataList
    arrangeDataList = JsonUtility.FromJson<SaveDataList>(data);
    for (int i = 0; i < arrangeDataList.saveDatas.Length; i++)
    {
        SaveData savedata = arrangeDataList.saveDatas[i]; // 从数组中取出
        // 寻找带有该标签的游戏物体
        string objTag = savedata.objTag;
        GameObject[] objects = GameObject.FindGameObjectsWithTag(objTag);
        for (int ii = 0; ii < objects.Length; ii++)
        {
            GameObject obj = objects[ii]; // 从数组中取出 GameObject
            // 检查GameObject的标签
            if (objTag == "Door")          // 门
            {
```

```
                Door door = obj.GetComponent<Door>();
                if (door.arrangeId == savedata.arrangeId)
                {
                    Destroy(obj);  // arrangeId 相同则删除
                }
            }
            else if (objTag == "ItemBox")    // 宝箱
            {
                ItemBox box = obj.GetComponent<ItemBox>();
                if (box.arrangeId == savedata.arrangeId)
                {
                    box.isClosed = false;   // arrangeId 相同则开启
                    box.GetComponent<SpriteRenderer>().sprite = box.openImage;
                }
            }
            else if (objTag == "Item")        // 道具
            {
                ItemData item = obj.GetComponent<ItemData>();
                if (item.arrangeId == savedata.arrangeId)
                {
                    Destroy(obj);   // arrangeId 相同则删除
                }
            }
            else if (objTag == "Enemy")       // 敌人
            {
                EnemyController enemy = obj.GetComponent<EnemyController>();
                if (enemy.arrangeId == savedata.arrangeId)
                {
                    Destroy(obj);    // arrangeId 相同则删除
                }
            }
        }
    }
    }
}

// Update is called once per frame
void Update()
{

}

// 设置配置Id
public static void SetArrangeId(int arrangeId, string objTag)
{
    if(arrangeId == 0 || objTag == "")
    {
        // 不做记录
        return;
```

```
    }
    // 为了追加数据，新建一个长度多1的SaveData数组
    SaveData[] newSavedatas = new SaveData[arrangeDataList.saveDatas.Length + 1];
    // 复制数据
    for (int i = 0; i < arrangeDataList.saveDatas.Length; i++)
    {
        newSavedatas[i] = arrangeDataList.saveDatas[i];
    }
    // 生成 SaveData
    SaveData savedata = new SaveData();
    savedata.arrangeId = arrangeId; // 记录Id
    savedata.objTag = objTag;        // 记录标签
    // 追加SaveData
    newSavedatas[arrangeDataList.saveDatas.Length] = savedata;
    arrangeDataList.saveDatas = newSavedatas;
}


// 保存配置数据
public static void SaveArrangeData(string stageName)
{
    if (arrangeDataList.saveDatas != null && stageName != "")
    {
        // 将SaveDataList转换为JSON数据
        string saveJson = JsonUtility.ToJson(arrangeDataList);
        // 以场景名为键进行保存
        PlayerPrefs.SetString(stageName, saveJson);
    }
}
}
```

◆ **2. 变量**

声明了一个带有 **public** 和 **static** 关键字的 **SaveDataList** 类型的变量，**SaveDataList** 类型用来保存由 JSON 变换而来的数据。

◆ **3. Start 方法**

为了对 **arrangeDataList** 进行初始化，新建一个空的 **arrangeDataList**，以及包含在它里面的空的 **saveDatas** 数组。

接下来读取保存在 **PlayerPrefs** 中的场景名。配置数据以场景名为键，通过 **PlayerPrefs.SetString** 方法进行保存。利用 **PlayerPrefs.GetString** 方法来读取 JSON 数据（文本）。如果这里返回的是空文本，则判断为不存在存档数据，不做任何处理。

如果返回的不是空文本，则认为存在存档数据，通过 **JsonUtility** 类将文本的 JSON 数据转换为 **SaveDataList** 类。

JsonUtility 类用于 JSON 和对象之间的相互转换。从 JSON 数据（文本）转换到对象时使用 **FromJson** 方法。如下代码指定类型（类名），将需要转换的 JSON 数据（文本）作为参数，将其转换成指定类的对象。

```
对象 = JsonUtility.FromJson<类型>(JSON 文本);
```

由 JSON 变换而来的对象，会赋给定义成相应的类的 arrangeDataList 变量。
arrangeDataList 的 saveDatas 为 SaveData 类型的数组。对数组的元素数量做 for 循环，
来进行配置数据的处理。

　　参阅：9.1.2 节的 "for 循环"。

在循环中从 arrangeDataList.saveDatas 中依次取出 SaveData，使用 FindGameOb
jectsWithTag 方法找到带有该标签的所有游戏物体。由于 FindGameObjectsWithTag 方法
会以数组形式返回找到的游戏物体，因此再次使用 for 循环能依次取出这些游戏物体。

使用 if 语句根据标签来对游戏物体进行单独处理。当 arrangeId 相同时，分别进行如
下处理。

- 如果游戏物体为门、道具，或敌人，则用 Destroy 方法从场景中删除。
- 如果游戏物体为宝箱，则将 isClosed 设为 false，并更改图像使其成为开启状态。

◆ 4. SetArrangeId 方法

SetArrangeId 方法用于将打开的门、开启的宝箱、已拿取的道具和已击倒的敌人的
arrangeId（用来识别配置物的数值）和标签记录到 SaveDataList 中。根据需要调用此方法
来进行记录。

当 arrangeId 为 0 或者 objTag 为 ""（空字符串）时，不进行记录，直接跳出方法。

arrangeDataList.saveDatas 为 SaveData 的数组。新建一个比 arrangeDataList.
saveDatas 的当前长度多 1 的数组，再新建一个 SaveData，分别设定好 arrangeId 和
objTag，并将其添加到数组的最后。

◆ 5. SaveArrangeData 方法

SaveArrangeData 方法以场景名称为键来保存 JSON 数据。

arrangeDataList.saveDatas 不为 null 的话就判断为数据存在，将 arrangeDataList
转换为 JSON（文本），再通过 PlayerPrefs.SetString 方法，以场景名称为键进行保存。
使用 JsonUtility 类的 ToJson 方法将类转换为 JSON。

如下所示，ToJson 方法以需要转换的类的对象为参数，将其转换为 JSON 数据（文本）。

```
JSON 文本 = JsonUtility.ToJson( 对象 );
```

接下来要在以下的地方调用 SaveDataManager 类的 SetArrangeId 方法和 SaveArrangeData
方法。

◆ 6. 保存开启的宝箱

ItemBox 类的 OnCollisionEnter2D 方法用于保存开启的宝箱。此方法是在开启宝箱生
成道具的时候被调用的。参数设为自身（宝箱）的 arrangeId 和标签。

```csharp
public class ItemBox : MonoBehaviour
{
    ～ 省略 ～
    public int arrangeId = 0;          // 用于识别配置

    ～ 省略 ～

    // 接触（物理）
    private void OnCollisionEnter2D(Collision2D collision)
    {
        if (isClosed && collision.gameObject.tag == "Player")
        {
            // 箱子在关闭状态下与玩家接触
            GetComponent<SpriteRenderer>().sprite = openImage;
            isClosed = false;    // 进入开启状态
            if(itemPrefab != null)
            {
                // 用预制生成道具
                Instantiate(itemPrefab, transform.position, Quaternion.identity);
            }
            // 记录配置Id
            SaveDataManager.SetArrangeId(arrangeId, gameObject.tag);
        }
    }
}
```

◆ 7. 保存已拿取的道具

ItemData 类的 OnCollisionEnter2D 方法用于保存已拿取的道具。此方法是在拿取道具的时候被调用的。参数设为自身（道具）的 arrangeId 和标签。

```csharp
public class ItemData : MonoBehaviour
{
    ～ 省略 ～

    public int arrangeId = 0;          // 用于识别配置

    ～ 省略 ～

    // 接触（物理）
    private void OnCollisionEnter2D(Collider2D collision)
    {
        if (collision.gameObject.tag == "Player")
        {
            ～ 省略 ～
            // 记录配置Id
            SaveDataManager.SetArrangeId(arrangeId, gameObject.tag);
        }
    }
}
```

8. 保存打开的门

Door 类的 OnCollisionEnter2D 方法用于保存打开的门。此方法是在开门的时候被调用的。参数设为自身（门）的 arrangeId 和标签。

```
public class Door : MonoBehaviour
{
    public int arrangeId = 0;         // 用于识别配置

    // Start is called before the first frame update
    void Start()
    {

    }

    // Update is called once per frame
    void Update()
    {

    }
    void OnCollisionEnter2D(Collision2D collision)
    {
        if(collision.gameObject.tag == "Player")
        {
            // 持有钥匙
            if (ItemKeeper.hasKeys > 0)
            {
                ItemKeeper.hasKeys--;        // 钥匙数量减1
                Destroy(this.gameObject); // 开门（删除）
                // 记录配置Id
                SaveDataManager.SetArrangeId(arrangeId, gameObject.tag);
            }
        }
    }
}
```

9. 保存已击倒的敌人

EnemyController 脚本的 OnCollisionEnter2D 方法用于保存已击倒的敌人。参数设为自身（敌人）的 arrangeId 和标签。

```
public class EnemyController : MonoBehaviour
{
    ～ 省略 ～
    private void OnCollisionEnter2D(Collision2D collision)
    {
        if (collision.gameObject.tag == "Arrow")
        {
            // 伤害
            hp--;
```

```
        if (hp <= 0)
        {
            ~ 省略 ~
            // 记录配置Id
            SaveDataManager.SetArrangeId(arrangeId, gameObject.tag);
        }
    }
  }
}
```

◆ **10. 在切换场景时保存数据**

场景的切换在 **RoomManager** 类的 **ChangeScene** 方法中进行。对 **RoomManager** 类的 **ChangeScene** 方法进行如下更新。

```
public class RoomManager : MonoBehaviour
{
    ~ 省略 ~

    // 场景切换
    public static void ChangeScene(string scnename, int doornum)
    {
        doorNumber = doornum;    // 将门的编号保存在static变量中
        string nowScene = PlayerPrefs.GetString("LastScene");
        if (nowScene != "")
        {
            SaveDataManager.SaveArrangeData(nowScene);        // 保存配置数据
        }
        PlayerPrefs.SetString("LastScene", scnename);    // 保存场景名
        PlayerPrefs.SetInt("LastDoor", doornum);          // 保存门的编号
        ItemKeeper.SaveItem();                            // 保存道具

        SceneManager.LoadScene(scnename);    // 切换场景
    }
}
```

为了保存配置数据，需要在切换场景之前先调用 **SaveDataManager** 类的 **SaveArrangeData** 方法来保存配置数据。通过 **PlayerPrefs** 类的 **GetString** 方法获得 "**LastScene**" 键对应的当前的场景名，再将其作为 **SaveArrangeData** 方法的参数使用。如果场景名不为空字符串（未保存），则调用 **SaveDataManager** 类的 **SaveArrangeData** 方法来进行保存。

接下来使用 **PlayerPrefs** 类的 **SetString** 方法，以 "**LastScene**" 为键保存接下来要切换到的场景名。门的编号则通过 **PlayerPrefs** 类的 **SetInt** 方法，以 "**LastDoor**" 为键进行保存。

在场景切换时，通过调用 **ItemKeeper** 类的 **SaveItem** 方法，保存在该房间中获得的道具。

10.2.5　编写用于继续游戏处理的脚本

需要实现单击标题界面的 CONTINUE 按钮时，可以从中断处再次开始游戏的机制。同时需要增加在单击 GAME START 按钮时清除所有记录的处理。对 TitleManager 脚本做如下更新。

```
public class TitleManager : MonoBehaviour
{
    public GameObject startButton;        // 开始按钮
    public GameObject continueButton;     // 继续按钮
    public string firstSceneName;         // 游戏开始时的场景名

    // Start is called before the first frame update
    void Start()
    {
        string sceneName = PlayerPrefs.GetString("LastScene");        // 保存的场景
        if(sceneName == "")
        {
            continueButton.GetComponent<Button>().interactable = false; // 无效化
        }
        else
        {
            continueButton.GetComponent<Button>().interactable = true; // 有效化
        }
    }

    // Update is called once per frame
    void Update()
    {

    }

    // 单击GAME START按钮
    public void StartButtonClicked()
    {
        // 清除存档数据
        PlayerPrefs.DeleteAll();
        // 恢复HP
        PlayerPrefs.SetInt("PlayerHP", 3);
        // 清除关卡信息
        PlayerPrefs.SetString("LastScene", firstSceneName); // 场景名初始化
        RoomManager.doorNumber = 0;

        SceneManager.LoadScene(firstSceneName);
    }

    // 单击CONTINUE按钮
    public void ContinueButtonClicked()
    {
```

10 章 完善 Top View 游戏

```
            string sceneName = PlayerPrefs.GetString("LastScene");      // 保存场景
            RoomManager.doorNumber = PlayerPrefs.GetInt("LastDoor");      // 门的编号
            SceneManager.LoadScene(sceneName);
        }
    }
```

◆ 1.变量

增加了 1 个变量。firstSceneName 是用来设置游戏开始时的场景名的变量。后续需要通过 Unity 编辑器设置其场景名（这里使用 "WorldMap"），因此变量前面带有 public。

◆ 2.Start 方法

通过 PlayerPrefs.GetString 方法取出保存的场景名，如果场景名为空字符串（未保存），则将 CONTINUE 按钮无效化。

用 GetComponent 方法从 Button 游戏物体取得 Button 组件，通过将 interactable 变量设为 false 来使按钮无法使用，设为 true 则按钮可以使用。

◆ 3.StartButtonClicked 方法

将道具、玩家的 HP，以及关卡信息通过 PlayerPrefs 设为初始值或者删除，实现初始化。可以通过调用 PlayerPrefs 类的 DeleteAll 方法来删除所有记录的数据。

然后，将玩家的 HP 和场景名设为初始值。这样就可以在没有任何存档信息的状态下从最初的场景开始新游戏了。

◆ 4.ContinueButtonClicked 方法

使用 PlayerPrefs.GetString 方法取出保存的场景名，并用 PlayerPrefs.GetInt 方法取出保存的门的编号，再通过切换场景使得玩家可以从中断的地方继续游戏。

10.2.6 游戏的再挑战处理

对 UIManager 类的 Retry 方法进行如下更新。通过 PlayerPrefs.SetInt 方法将玩家的 HP 恢复到 3 并保存。

```
public class UIManager : MonoBehaviour
{
    ～ 省略 ～

    // 再挑战
    public void Retry()
    {
        // HP 恢复
        PlayerPrefs.SetInt("PlayerHP", 3);

        // 回到游戏中
```

```
            SceneManager.LoadScene(retrySceneName);    // 切换场景
        }
    }
```

10.2.7　制作能够保存的配置数据

接下来制作能够保存的配置数据。能够配置的游戏物体带有不同的标签，并且附着有脚本，其中含有名为 **arrangeId** 的 **int** 类型的变量，如表 10-1 所示。

表 10-1

游戏物体	标签	含有 arrangeId 的脚本
门	Door	Door
道具	Item	ItemData
宝箱	ItemBox	ItemBox

比如，当配置 2 个宝箱的时候，需要将 ItemBox 中的 **arrangeId** 分别设为 2 个大于等于 1 的不重复的数字。如果标签不同，则数字重复也没关系，如图 10-7 所示。

图 10-7

在此状态下单击标题界面的 GAME START 按钮开始游戏。在游戏中获得的道具和打开的门的状态会在游戏角色出入各个场景的时候得到保存和恢复。

此外，当单击标题界面的 CONTINUE 按钮再次开始游戏的时候，道具的数量、道具的配置，以及当前所处的房间都会得到恢复，玩家能够在此状态下继续游戏。

10.3 制作 boss 关

boss 角色需要实现下述功能。

- 玩家角色触碰到后会遭受伤害。
- 玩家角色靠近后就发射子弹攻击。
- 带有 HP，被弓箭射中一定次数后可以被击倒。

新建一个 Boss 文件夹，将与 boss 角色有关的数据都保存在里面。用到的图像也需要随时移动并整理到 Boss 文件夹中去。

10.3.1 制作 boss 角色的游戏物体

准备 boss 角色的图像素材，"Boss"就是 boss 角色用的图像名称，如图 10-8 所示。

由于这是一个多重精灵，因此需要按照下面的设置对图像进行分割，如图 10-9 所示。

- Sprite Mode：Multiple。
- Pixels Per Unit：32。
- Filter Mode：Point (no filter)。

完成后单击"Sprite Editor"按钮打开 Sprite Editor。

将"Type"设置为"Automatic"，"Pivot"设置为"Bottom"，单击"Slice"按钮完成切割，如图 10-10 所示。

图 10-8

图 10-9

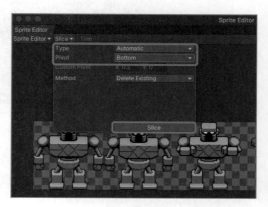

图 10-10

"Boss_0" ～ "Boss_1" 为待机时的动画模式,"Boss_2" ～ "Boss_3" 为攻击时的动画模式,"Boss_4" 为死亡时的动画模式,如图 10-11 所示。

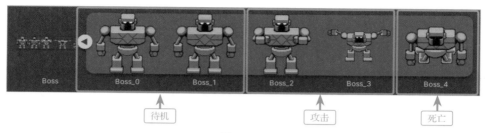

图 10-11

10.3.2 制作 boss 角色的动画效果

boss 角色需要实现以下 3 个动画效果。

- 待机:动画效果是身体动作,由两个模式构成。
- 攻击:动画效果是准备姿势和攻击动作,由两个模式构成。
- 死亡:动画效果是向前跪倒的动作,由一个模式构成。

制作待机的动画效果,将 "Boss_0" 和 "Boss_1" 拖放到场景视图中生成游戏物体和动画数据,如图 10-12 所示。此时,将待机的动画剪辑命名为 "BossIdle"。

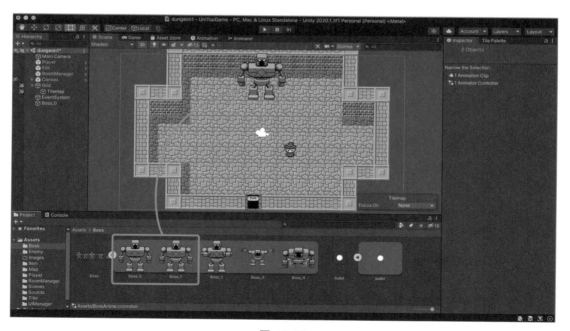

图 10-12

此外，将配置好的 boss 角色的游戏物体改名为"Boss"，画师控制器改名为"BossAnime"。

将 Sprite Renderer 的"Order in Layer"设为 2，并附着一个 Circle Collider 2D。由于 boss 角色是不会移动的，因此不需要附着 Rigidbody 2D。

为 boss 角色设置"Enemy"标签，同时为其新建并设定一个"Enemy"层，如图 10-13 所示。之后与 boss 发射的子弹做碰撞体积设定时会用到。

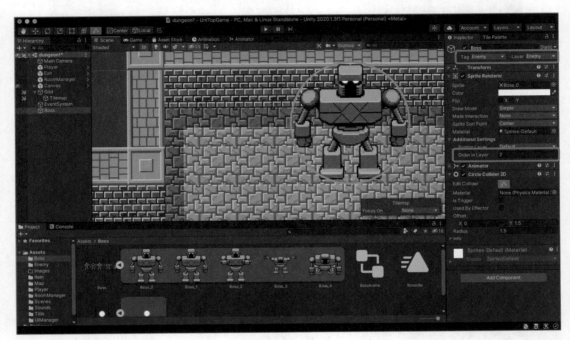

图 10-13

接下来新建一个游戏物体作为子弹的发射口，并将其设为 boss 角色的子对象。在制作 Side View 游戏的固定炮台时进行过类似的设定。制作方法请参考 Side View 游戏。

参阅：7.4 节。

发射口的名称设为"gate"，位置设定在 boss 角色的游戏物体的中央位置，如图 10-14 所示。

接下来打开动画窗口调整待机动画的速度。将"Samples"设为 2，相当于每秒 2 帧，如图 10-15 所示。

◆ 1. 攻击的动画效果

将"Boss_2"和"Boss_3"拖放到场景视图中生成动画数据，如图 10-16 所示。动画剪辑的名称设为"BossAttack"。

由于不需要攻击模式的游戏物体和画师控制器，将它们直接删除。

图 10-14

图 10-15

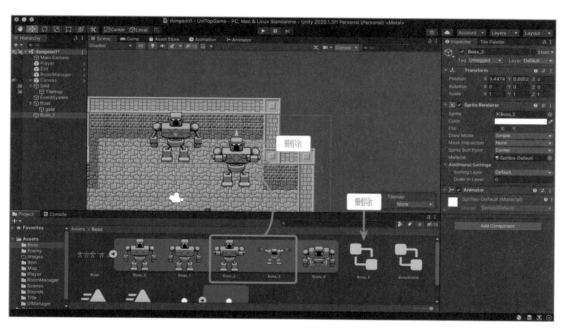

图 10-16

接下来打开动画窗口调整攻击的动画模式。将"Sample"设为4，将动画速度稍微调慢一些，如图 10-17 所示。

选中关键帧的第三帧，单击添加关键帧按钮为动画效果增加一帧，如图 10-18 所示。

这样就在第三帧的位置上增加了一帧（最终帧）。如此就实现了"在保持准备姿势 0.25s 后切换 0.5s 的攻击动作"这样的动画效果。动画帧可以通过拖放来

图 10-17

移动，请根据需要调整动画效果。

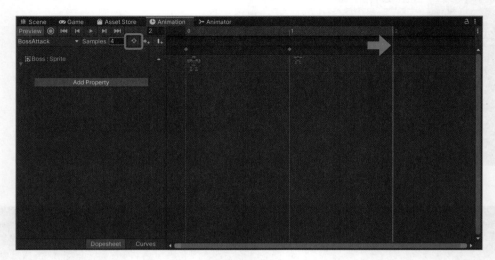

图 10-18

◆ **2. 制作 boss 死亡的动画效果**

最后要做的是 boss 被击倒时呈现的死亡动画效果。死亡的动画效果仅由一帧构成，使用 "Boss_4" 图像，如图 10-19 所示。

动画剪辑的名称设为 "BossDead"。

图 10-19

将攻击（BossAttack）和死亡（BossDead）的动画剪辑添加到最初制作的画师控制器
（BossAnime）中去，如图 10-20 所示。

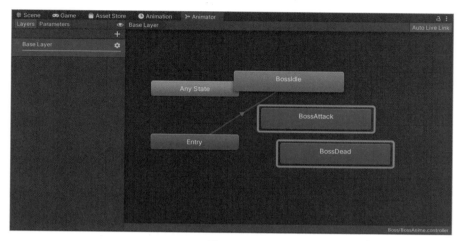

图 10-20

10.3.3　制作 boss 角色发射的子弹

接下来制作 boss 角色发射的子弹，方法与制作炮弹以及
玩家射出的箭矢相同。

对"bullet"图像进行以下的设置，如图 10-21 所示。

- Pixels Per Unit：32。
- Filter Mode：Point (no filter)。

将"bullet"拖放到场景视图中生成游戏物体，如图 20-22
所示。需要为子弹设置"Enemy"标签，同时新建并设置一个
"Bullet"层。为了在发射的时候显示在 boss 角色的上面，将
Sprite Rendeer 的"Order in Layer"设为 3。

最后附着一个 Rigidbody 2D，将"Gravity Scale"设为
0，并附着一个 Circle Collider 2D，同时调整其范围。

图 10-21

◆　子弹的接触设置

为了不使 boss 角色与子弹发生接触，需要对接触进行设置。从"Edit"→"Project
Settings..."打开"Project Settings"窗口，在"Physics 2D"标签栏的"Layer Collision
Matrix"中，清除 Enemy 与 Bullet 交叉的复选框，以使这两个层不发生接触，如图 10-23
所示。

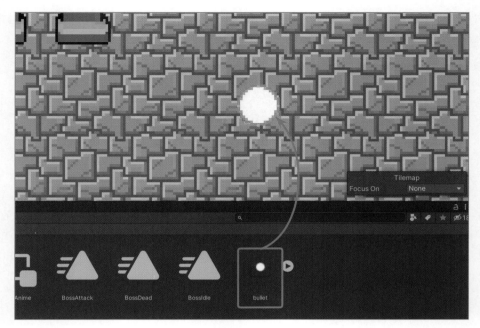

图 10-22

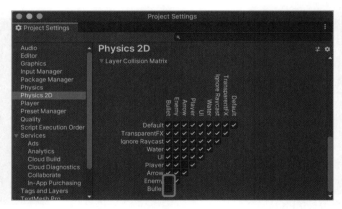

图 10-23

  此外，最好还是不让子弹和子弹之间发生接触，因此需同时清除 Bullet 和 Bullet 交叉的复选框。

10.3.4 编写用于控制子弹的脚本

  新建用于控制子弹的脚本，并将其附着到 bullet 上。名称设为"BulletController"。下面是脚本的内容。

```
using System.Collections;
using System.Collections.Generic;
using UnityEngine;

public class BulletController : MonoBehaviour
{
    public float deleteTime = 3.0f;      // 指定删除的时间

    // Start is called before the first frame update
    void Start()
    {
        Destroy(gameObject, deleteTime);     // 设定删除
    }

    // Update is called once per frame
    void Update()
    {

    }

    private void OnCollisionEnter2D(Collision2D collision)
    {
        Destroy(gameObject);    // 接触到任意物体就消失
    }
}
```

◆ 1. Start 方法

用 **public** 变量指定删除的时间，在 **Start** 方法内调用 **Destroy** 方法，在经过指定时间后删除。

◆ 2. OnCollisionEnter2D 方法

OnCollisionEnter2D 方法使子弹接触到任意物体就消失。

做完这一步，将 bullet 预制。

10.3.5 编写 boss 角色的脚本

新建一个"BossController"脚本，并将其附着到场景视图中 boss 角色的游戏物体上去。下面是 BossController 脚本的内容。

```
using System.Collections;
using System.Collections.Generic;
using UnityEngine;

public class BossController : MonoBehaviour
{
    // 血量
```

```
public int hp = 10;
// 反应距离
public float reactionDistance = 7.0f;

public GameObject bulletPrefab;      // 子弹
public float shootSpeed = 5.0f;      // 子弹的速度

// 攻击中的旗标
bool inAttack = false;

// Start is called before the first frame update
void Start()
{
}

// Update is called once per frame
void Update()
{
if(hp > 0)
{
    // 获取Player的游戏物体
    GameObject player = GameObject.FindGameObjectWithTag("Player");
    if (player != null)
    {
        // 检查和玩家的距离
        Vector3 plpos = player.transform.position;
        float dist = Vector2.Distance(transform.position, plpos);
        if (dist <= reactionDistance && inAttack == false)
        {
            // 在范围内&不处于攻击中则开始HP攻击
            inAttack = true;
            // 切换动画效果
            GetComponent<Animator>().Play("BossAttack");
        }
        else if (dist > reactionDistance && inAttack)
        {
            inAttack = false;
            // 切换动画效果
            GetComponent<Animator>().Play("BossIdle");
        }
    }
    else
    {
        inAttack = false;
        // 切换动画效果
        GetComponent<Animator>().Play("BossIdle");
    }
}
}
```

```csharp
private void OnCollisionEnter2D(Collision2D collision)
{
    if (collision.gameObject.tag == "Arrow")
    {
        // 伤害
        hp--;
        if (hp <= 0)
        {
            // 死亡!
            // 删除碰撞体积
            GetComponent<CircleCollider2D>().enabled = false;
            // 切换动画效果
            GetComponent<Animator>().Play("BossDead");
            // 1s后消失
            Destroy(gameObject, 1);
        }
    }
}

    // 攻击
    void Attack()
    {
        // 获取发射口的对象
        Transform tr = transform.Find("gate");
        GameObject gate = tr.gameObject;
        // 制作发射子弹的向量
        GameObject player = GameObject.FindGameObjectWithTag("Player");
        if(player != null)
        {
            float dx = player.transform.position.x - gate.transform.position.x;
            float dy = player.transform.position.y - gate.transform.position.y;
            // 利用反正切2函数来计算角度（弧度）
            float rad = Mathf.Atan2(dy, dx);
            // 将弧度转换为角度并返回
            float angle = rad * Mathf.Rad2Deg;
            // 从Prefab生成子弹的游戏物体（旋转到行进方向）
            Vector3 pos = new Vector3(gate.transform.position.x,gate.transform.position.y, transform.position.z);
            Quaternion r = Quaternion.Euler(0, 0, angle);
            GameObject bullet = Instantiate(bulletPrefab, pos, r);
            float x = Mathf.Cos(rad);
            float y = Mathf.Sin(rad);
            Vector3 v = new Vector3(x, y) * shootSpeed;
            // 发射
            Rigidbody2D rbody = bullet.GetComponent<Rigidbody2D>();
            rbody.AddForce(v, ForceMode2D.Impulse);
        }
    }
}
```

◆ **1. 变量**

hp（血量）和 reactionDistance（反应距离）的用途与之前制作敌方角色时相同。子弹的预制和速度参数则与之前制作玩家角色时相同。inAttack 是用于判断 boss 角色是否处于攻击中的旗标。

◆ **2. Update 方法**

检查 hp，如果大于 0，则表明 boss 角色未被击倒，继续进行下一步处理。

使用 FindGameObjectWithTag 方法寻找玩家角色，若是找到了就确认 boss 角色与玩家角色间的距离，如果小于等于反应距离，且 inAttack 旗标为 false（boss 角色未处于攻击中），则切换到攻击的动画效果。

另外，如果 boss 角色与玩家角色的距离大于反应距离，且 inAttack 旗标为 true（boss 角色处于攻击中），则切换到待机时的动画效果。

◆ **3. OnCollisionEnter2D 方法**

进行箭矢的命中判定。如果 boss 角色接触到了箭矢的游戏物体，则 hp 减少 1，当 hp 小于等于 0 时就切换到死亡的动画效果，并在 1s 后消失。

◆ **4. Attack 方法**

Attack 方法用于实现 "boss 角色朝玩家角色的方向发射子弹"的机制。根据发射口与玩家角色之间的位置关系计算出发射的角度，从预制生成子弹的游戏物体，并使用 Rigidbody2D 的 AddForce 方法为子弹施加力来发射出去。

发射的位置就是 boss 角色身上的 gate 对象。角度的计算用到了三角函数。

在 BossController 脚本里并没有调用 Attack 方法。实际上当玩家角色靠近时调用 Attack 方法也是可以的，但是我们希望为该 boss 角色的发射动画保留 0.75s 的蓄力时间，也就是说从动画效果的第二帧才开始发射。

在 Unity 中可以为动画效果的指定帧设置事件，动画剪辑可以直接调用其设定的游戏物体。

10.3.6 为动画效果设置事件

选中场景视图中的 boss 角色，打开动画窗口。从左上角的弹出菜单中选择攻击时的动画效果，即 "BossAttack"。

单击时间轴，选择发动攻击的帧。单击添加事件按钮，就会在选中的时间位置上生成一个长方形的标记，该标记代表事件，如图 10-24 所示。

选择新加的事件标记，在检视视图中会出现一个下拉菜单，从中可以选择附着在此动画剪辑中设定的游戏物体上的脚本里面的方法。选择刚才做好的 Attack () 方法，如图 10-25 所示。当动画效果播放到这一帧时就会自动调用 Attack () 方法。

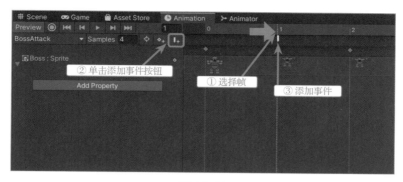

图 10-24

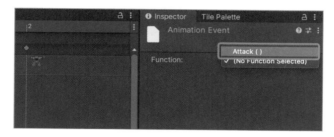

图 10-25

回到 Unity 编辑器中，将"Bullet Prefab"设定为子弹的预制，如图 10-26 所示。

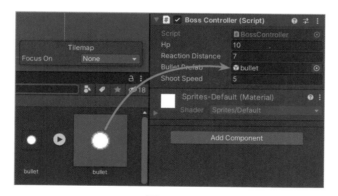

图 10-26

10.3.7 启动游戏

在此状态下启动游戏看看。boss 角色会朝着玩家角色发射子弹，如图 10-27 所示。子弹的发射频率可以通过动画效果的速度来调整。做到这里，将 boss 角色预制。

图 10-27

10.3.8　调整 boss 角色战斗时的摄像机的使用

目前使用附着于 Main Camera 之上的 **CameraManager** 类来调整摄像机的位置，始终保持玩家角色在画面的中央。但是这样的话，boss 角色就可能会出现在画面外而看不见，就像图 10-28 那样，玩起来颇为费劲。

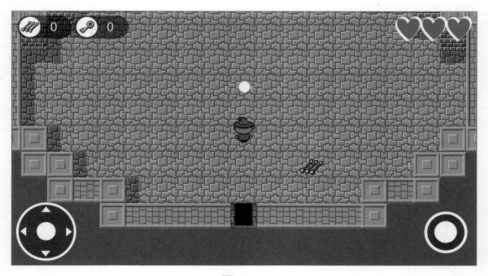

图 10-28

对 **CameraManager** 类做一点修改，使摄像机聚焦于玩家角色和 boss 角色的中间点。

```
using System.Collections;
using System.Collections.Generic;
using UnityEngine;

public class CameraManager : MonoBehaviour
{
    public GameObject otherTarget;

    // Start is called before the first frame update
    void Start()
    {
    }

    // Update is called once per frame
    void Update()
    {
        GameObject player = GameObject.FindGameObjectWithTag("Player");
        if (player != null)
        {
            if(otherTarget != null)
            {
                Vector2 pos = Vector2.Lerp(player.transform.position,
                    otherTarget.transform.position, 0.5f);
                // 与玩家的位置联动
                transform.position = new Vector3(pos.x, pos.y, -10);
            }
            else
            {
                // 与玩家的位置联动
                transform.position = new Vector3(
                    player.transform.position.x, player.transform.position.y, -10);
            }
        }
    }
}
```

◆ 1.变量

增加了 1 个 GameObject 类型的 otherTarget 变量。之后要在 Unity 编辑器里，从层级视图中将 boss 角色的游戏物体拖放过来进行设置。

◆ 2.Update 方法

当 otherTarget 不为 null 时，则使用 Vector2 的 Lerp 方法获取 otherTarget（boss 角色）和玩家角色的中间点。

Lerp 方法返回连接第一参数指定点和第二参数指定点的直线上的点。第三参数则指定需要返回的点的位置，需要指定 0 ～ 1.0 之间的值。这里指定的是 0.5，因此相当于指定正中间的位置。

10.3.9　启动游戏

保存 CameraManager，启动游戏的 boss 关。

像图 10-29 那样，画面中央会显示玩家角色和 boss 角色的中间位置，并且摄像机会随着玩家角色的移动而移动。

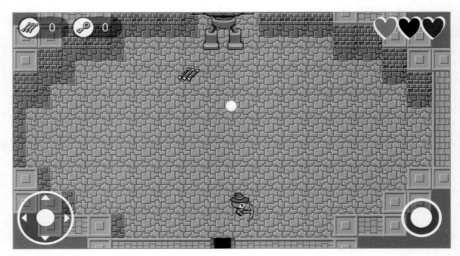

图 10-29

10.3.10　制作最终 boss 关

接下来使用做好的 boss 角色，制作游戏最后的最终 boss 关。关卡的动作要求如下。

- 进入关卡（场景）后可以在房间的深处发现 boss 角色。一旦进入房间后就不能再退出去。
- boss 角色的后面可以看到一个宝箱（里面存有钥匙）。
- 房间的深处有扇门。

最终 boss 关的设计目的是为了让玩家理解：击倒 boss 角色后开启宝箱拿到钥匙，走出房间游戏就通关了。

最终 boss 关的基础是 boss 和玩家之间的战斗交互。boss 角色可以无限发射子弹，但是玩家角色的箭矢是有限的。一旦箭射光了就会卡关。

对于这个问题有着多种不同的解决方案，这里设定当箭矢的数量为 0 后就自动生成并在房间里配置箭矢。箭矢的配置位置设定为数个随机地点。

新建一个名为"BossStage"的场景，并将其登录到 Build Settings 中去。通过设置贴片地图新建一张地图。

示例游戏"DungeonShooter"中的地图如图 10-30 所示。

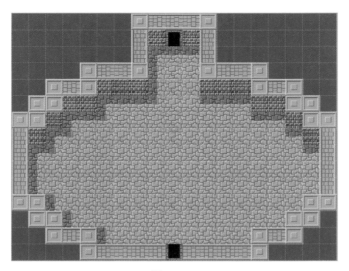

图 10-30

另外，为了生成游戏关卡，需要配置下述的各种预制，如图 10-31 所示。

- Player：玩家角色，通过拖放添加即可。
- RoomManager：用于管理场景的出入和道具的配置。需要对 UIManager 的 "Retry Scene Name" 进行配置，将其设定为再挑战时需要读取的场景名（即本场景的名字）。
- Canvas：用于 UI 显示和管理，需要对 Canvas 设定 Main Camera。
- EventSystem：通过 "UI" → "Event System" 添加。

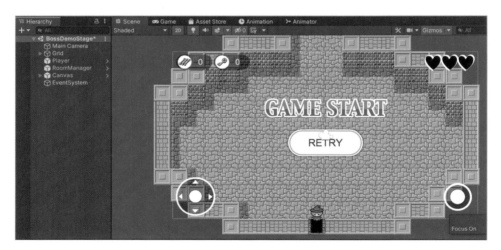

图 10-31

在开发其他的新增关卡时，也不要忘记配置上述这些预制。

10.3.11　实现自动配置道具的机制

接下来实现自动配置道具（箭矢）的机制。

- 常时检查箭矢的数量。
- 如果箭矢的数量为 0，就在随机的位置配置箭矢。

◆　1. 对象生成器

通过项目视图中的"+"→"Create Empty"
新建一个空游戏物体，名称设为"ObjGen"。由于
接下来要做的对象生成器没有实体图像，因此可以
为其设置一个图标以方便使用，如图 10-32 所示。

接下来新建一个 ObjectGenPoint 脚本，将其
附着到 ObjGen 游戏物体上去。ObjectGenPoint 脚
本是用来设定场景中的配置位置和预制的。下面是
ObjectGenPoint 脚本的内容。

图 10-32

```csharp
using System.Collections;
using System.Collections.Generic;
using UnityEngine;

public class ObjectGenPoint : MonoBehaviour
{
    public GameObject objPrefab;     // 生成的Prefab数据

    // Start is called before the first frame update
    void Start()
    {

    }

    // Update is called once per frame
    void Update()
    {

    }

    public void ObjectCreate()
    {
        Vector3 pos = new Vector3(transform.position.x, transform.position.y, -1.0f);
        // 从Prefab生成GameObject
        Instantiate(objPrefab, pos, Quaternion.identity);
    }
}
```

◆　2. 变量

添加了 1 个变量，用于保存生成游戏物体的预制。

3.ObjectCreate方法

在当前位置从预制生成游戏物体。用于此方法需要从外部调用，因此加上了 `public`。

在 Unity 编辑器中，将"Obj Prefab"设置为箭矢的预制，如图 10-33 所示。做完这一步，就将场景中的 ObjGen 预制。

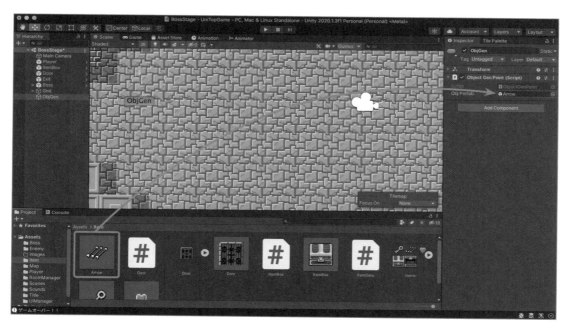

图 10-33

在场景中配置数个 ObjGen。这将成为以后生成箭矢的位置。整体上大致配置 10 个左右就可以了，如图 10-34 所示。

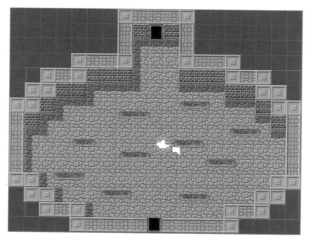

图 10-34

接下来编写 ObjectGenManager 脚本，用途是：管理刚才配置的 ObjectGenPoint，监控箭矢的数量，当箭矢数量为 0 时就进行配置。

将 ObjectGenManager 脚本附着到层级视图中的 RoomManager 上去。将脚本附着到当前场景中的游戏物体上（而不是预制上），使脚本仅在当前场景中有效。下面是 ObjectGenManager 脚本的内容。

```
using System.Collections;
using System.Collections.Generic;
using UnityEngine;

public class ObjectGenManager : MonoBehaviour
{
    ObjectGenPoint[] objGens;    // 配置在场景中的ObjectGenPoint数组

    // Start is called before the first frame update
    void Start()
    {
        objGens = GameObject.FindObjectsOfType<ObjectGenPoint>();
    }

    // Update is called once per frame
    void Update()
    {
        // 寻找ItemData
        ItemData[] items = GameObject.FindObjectsOfType<ItemData>();
        // 通过循环寻找箭矢
        for (int i = 0; i < items.Length; i++)
        {
            ItemData item = items[i];
            if(item.type == ItemType.arrow)
            {
                return; // 找到箭矢就什么也不做跳出方法
            }
        }
        // 检查玩家的存在和箭矢的数量
        GameObject player = GameObject.FindGameObjectWithTag("Player");
        if (ItemKeeper.hasArrows == 0 && player != null)
        {
            // 如果箭矢数为0且玩家存在
            // 通过数组的范围生成随机数
            int index = Random.Range(0, objGens.Length);
            ObjectGenPoint objgen = objGens[index];
            objgen.ObjectCreate();    // 配置道具
        }
    }
}
```

◆ 1. 变量

添加了 1 个变量用于存放场景中配置的 ObjectGenPoint。ObjectGenPoint 由 Start 方

法获取。

◆ **2. Start 方法**

FindObjectsOfType 方法返回由类型名指定的类的数组。通过此方法获取场景中所有的 ObjectGenPoint。

◆ **3. Update 方法**

通过 FindObjectsOfType 方法获取 ItemData 的数组，并在 for 循环中检查其中是否包含箭矢。如果包含箭矢的话就什么也不做，用 return 跳出方法。

如果没有箭矢的话，就用 FindGameObjectWithTag 方法寻找玩家，若玩家存在且所持箭矢的数量为 0，就将箭矢配置到场景中。箭矢的配置位置在多个 ObjGen 中随机选取。这里用到了 Random 类的 Range 方法。Range 方法返回由参数指定的最小值到最大值范围内的数值。这里最大值使用 ObjectGenPoint 的配置数量，假如数组的长度为 10，则返回 0 ～ 9 为止的范围内的数值。

使用生成的随机数，从 ObjectGenPoint 的数组 objGens 中取出 ObjectGenPoint 对象，再通过调用 ObjectGenPoint 类的 ObjGen 的 ObjectCreate 方法来配置箭矢。

将存有钥匙的宝箱放置在房间的最深处。用门堵住深处的出口。用宝箱中的钥匙打开这扇门游戏就通关了。最后，在宝箱的前面放上 boss 角色。此时需要注意让它的碰撞体积挡住宝箱，如图 10-35 所示。

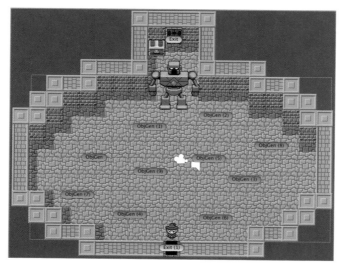

图 10-35

10.3.12 游戏通关的处理

击倒 boss，用钥匙打开门，从房间出来后就显示"GAME CLEAR"，并结束游戏。游戏通关的显示在 UIManager 脚本中进行处理。按照下面的内容对 UIManager 脚本进行更新。

```
using System.Collections;
using System.Collections.Generic;
using UnityEngine;
using UnityEngine.SceneManagement;
using UnityEngine.UI;

public class UIManager : MonoBehaviour
{

    ～ 省略 ～

    // 游戏通关
    public void GameClear()
    {
        // 显示图像
        mainImage.SetActive(true);
        mainImage.GetComponent<Image>().sprite = gameClearSpr; // 设定 "GAME CLEAR"
        // 隐藏操作UI
        inputPanel.SetActive(false);
        // 设为游戏通关
        PlayerController.gameState = "gameclear";
        // 3 s后返回标题界面
        Invoke("GoToTitle", 3.0f);
    }
    // 返回标题界面
    void GoToTitle()
    {
        PlayerPrefs.DeleteKey("LastScene"); // 删除保存的场景
        SceneManager.LoadScene("Title"); // 返回标题界面
    }
}
```

◆ 1.GameClear 方法

GameClear 方法需要从外部调用，因此加上了 public。通过 SetActive 方法将用于显示图像的 mainImage 显示出来，并替换图像，显示 "GAME CLEAR"。与游戏失败时一样，隐藏操作 UI。

接下来将用于表示游戏状态的 PlayerController.gameState 设为 "gameclear"，使玩家角色的操作无效化。此外，通过 Invoke 方法在 3s 后延迟调用 GoToTitle 方法。

◆ 2.GoToTitle 方法

由于游戏已经通关，通过 PlayerPrefs.DeleteKey 将游戏过程中保存的场景名删除，并切换到标题界面。通过删除保存的场景名，标题界面的 CONTINUE 按钮也就无效化了。

UIManager 的 GameClear 方法要在 Exit 脚本中调用。

```
public class Exit : MonoBehaviour
{
    ～ 省略 ～
    private void OnTriggerEnter2D(Collider2D collision)
    {
        if (collision.gameObject.tag == "Player")
        {
            if(doorNumber == 100)
            {
                // 游戏通关
                GameObject.FindObjectOfType<UIManager>().GameClear();
            }
            else
            {
                RoomManager.ChangeScene(sceneName, doorNumber);
            }
        }
    }
}
```

将 boss 房间深处的门的 **doorNumber** 设为 100。当 **doorNumber** 为 100 时，就判断为游戏通关，调用 **UIManager** 的 **GameClear** 方法。这里用到的 **FindObjectOfType** 方法，会获取由类型指定的类。其他的情况仍然遵循之前的流程。

这样打开门进入的话游戏就通关了，接下来就会返回标题界面，如图 10-36 所示。

图 10-36

10.4 奏响多个 BGM 和 SE

在 Side View 游戏中，当场景发生切换时 BGM 也会从头再次开始播放。本次做的 Top View 射击游戏即使切换了场景，游戏也在继续进行，因此 BGM 也需要跨场景不间断地播放，仅在标题界面、游戏中，以及 boss 战时对 BGM 进行切换。

同时在游戏的各处还需要播放 SE（音效）。简单来说本次需要添加 SE 的地方包括游戏通关、游戏失败，以及射箭三个地方，在示例游戏"Dungeon Shooter"中还实现了在单击按钮、开门、门锁着、获得道具、受到伤害、敌人死亡，以及 boss 死亡时播放 SE。可供参考。

新建一个 SoundManager 文件夹，将与声音相关的数据都保存在里面。

10.4.1 制作用于播放声音的对象和脚本

接下来制作用于播放声音的游戏物体和脚本。从标题界面开始，打开"Title"。

从层级视图的"+"→"Create Empty"新建一个空游戏物体，名称改为"Sound Manager"。再新建一个 SoundManager 脚本，将其附着到层级视图中的 SoundManager 游戏物体上去，如图 10-37 所示。

图 10-37

接下来单击"Add Component"按钮，依次选择"Audio"→"Audio Source"，将用于播放声音的 Audio Source 组件附着到 SoundManager 游戏物体上去，如图 10-38 所示。

图 10-38

参阅：7.6.1 节。

接下来对 Audio Source 进行设置。选中"Play On Awake"选项，以及"Loop"选项，如图 10-39 所示。

播放 BGM 的处理需要之后在脚本中进行。这与 Side View 游戏时不同，需要将 Audio Clip 留空。

10.4.2 跨场景播放 BGM

图 10-39

播放声音是通过 **SoundManager** 来进行的，因此要实现 BGM 不间断播放的话，就需要 **SoundManager** 作为游戏物体，在场景切换的时候也能够持续存在。此处理在 SoundManager 脚本中进行。下面是 SoundManager 的内容。

```csharp
using System.Collections;
using System.Collections.Generic;
using UnityEngine;

// BGM 类型
public enum BGMType
{
    None,        // 无
    Title,       // 标题
    InGame,      // 游戏中
    InBoss,      // boss战
}
// SE 类型
public enum SEType
{
    GameClear,   // 游戏通关
    GameOver,    // 游戏失败
    Shoot,       // 射箭
}

public class SoundManager : MonoBehaviour
{
    public AudioClip bgmInTitle;      // 标题 BGM
    public AudioClip bgmInGame;       // 游戏中
    public AudioClip bgmInBoss;       // boss战BGM

    public AudioClip meGameClear;     // 游戏通关
    public AudioClip meGameOver;      // 游戏失败
    public AudioClip seShoot;         // 射箭

    public static SoundManager soundManager;      // 用于保存初始SoundManager的变量

    public static BGMType plyingBGM = BGMType.None;    // 播放中的 BGM
```

第10章 完善 Top View 游戏

10

```csharp
private void Awake()
{
    // 播放BGM
    if (soundManager == null)
    {
        soundManager = this;  // 将自身保存到static变量中
        // 即使场景发生切换也不删除游戏物体
        DontDestroyOnLoad(gameObject);
    }
    else
    {
        Destroy(gameObject); // 删除游戏物体
    }
}


// Start is called before the first frame update
void Start()
{
}


// Update is called once per frame
void Update()
{

}


// 设定BGM
public void PlayBgm(BGMType type)
{
    if(type != plyingBGM)
    {
        plyingBGM = type;
        AudioSource audio = GetComponent<AudioSource>();
        if (type == BGMType.Title)
        {
            audio.clip = bgmInTitle;     // 标题
        }
        else if (type == BGMType.InGame)
        {
            audio.clip = bgmInGame;      // 游戏中
        }
        else if (type == BGMType.InBoss)
        {
            audio.clip = bgmInBoss;      // boss战
        }
        audio.Play();
    }
}
// 停止BGM
public void StopBgm()
```

```
    {
        GetComponent<AudioSource>().Stop();
        playingBGM = BGMType.None;
    }

    // 播放SE
    public void SEPlay(SEType type)
    {
        if (type == SEType.GameClear)
        {
            GetComponent<AudioSource>().PlayOneShot(meGameClear);    // 游戏通关
        }
        else if (type == SEType.GameOver)
        {
            GetComponent<AudioSource>().PlayOneShot(meGameOver);     // 游戏失败
        }
        else if (type == SEType.Shoot)
        {
            GetComponent<AudioSource>().PlayOneShot(seShoot);        // 射箭
        }
    }

}
```

◆ 1. 枚举类型

定义了 **BGMType** 和 **SEType** 两种枚举类型，作为设定 BGM 和 SE 的方法的参数，用于区分播放哪种声音。

◆ 2. 变量

最开始的 **AudioClip** 类型的变量是用于存放需要播放的音频数据的。之后要在 Unity 编辑器中设置相应的数据。

BGMType 类型的 **plyingBGM** 变量用来保存当前正在播放的 BGM。由于是 **static** 变量，因此即使场景切换也能够保持其值。

SoundManager 类型的 **soundManager** 变量是用来保存自身的变量。详细后述。

◆ 3. Awake 方法

Awake 方法是读取游戏物体到场景中后，在调用其附着的脚本的 **Start** 方法之前，会被调用一次的方法。为了播放 BGM，**SoundManager** 类需要被其他类的 **Start** 方法调用，因此需要在比 **Start** 方法更早被调用的 **Awake** 方法中进行初始化。

一般来说，游戏物体在场景切换时会被删除，然后重新生成。要实现跨场景连续播放 BGM 的话，用于播放 BGM 的游戏物体就不能被删除，而是需要始终沿用同一个游戏物体。因此这里用到了 **DontDestroyOnLoad** 方法。由该方法的参数所指定的游戏物体，即使场景发生切换也不会被删除。

游戏启动后，当 SoundManager 第一次被读取到场景中时，soundManager 变量一定会是 null。此时通过调用 DontDestroyOnLoad 方法，使得游戏物体不会被删除。同时 soundManager 变量赋值为 this（也就是自身）。由于 soundManager 变量是一个 static 变量，因此场景切换时也能够保持。

参阅：4.5.12 节的小贴士"不会消失的 static 变量"。

每次 SoundManager 被读取到场景中时，都会重新生成一个 SoundManager 游戏物体，并调用 Awake 方法。然而由于从第二次开始 soundManager 就不再是 null 了，因此通过 Destroy 方法将其删除。如此可以保证始终只存在最初生成的那个 SoundManager。如果不做该处理的话，当场景发生切换时由于 SoundManager 会被保留下来，因此会同时播放多个 BGM。

唯一的一个 SoundManager 是带有 public 的 static 变量，因此可以通过 SoundManager.soundManager 的方式从任意位置访问。在游戏中始终只存在唯一的一个同类的游戏物体，这种机制称为单例（Singleton）。

◆ 4. PlayBgm 方法

PlayBgm 方法用于播放参数指定的 BGM。当正在播放的 BGM 与之不同的时候，就通过 GetComponent 方法取得 AudioSource 组件，将 AudioSource 组件的 clip 设定为 BGM 相对应的 AudioClip，并通过 Play 方法开始播放。

◆ 5. StopBgm 方法

StopBgm 方法用于停止正在播放的 BGM。通过 GetComponent 方法取得 AudioSource 组件，并通过 Stop 方法来停止播放。

然后将 plyingBGM 设为 BGMType.None，也就是"不播放"。

◆ 6. SEPlay 方法

SEPlay 方法用于播放参数指定的 SE。通过 GetComponent 方法取得 AudioSource 组件，通过 PlayOneShot 方法仅播放一次相应的 AudioClip。

将 SoundManager 的各 Audio Clip 设置为 Sounds 文件夹中的音频数据，如图 10-40 所示。

图 10-40

然后回到层级视图，将"SoundManager"拖放到 SoundManager 文件夹中预制，如图 10-41 所示。并将该预制拖放配置到所有场景的层级视图或者场景视图中去。

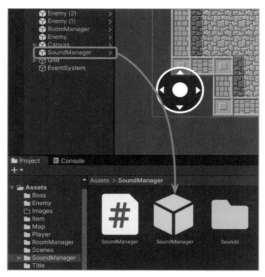

图 10-41

接下来使用 SoundManager 在游戏中试着奏响声音（BGM/SE）。

10.4.3　播放 BGM

BGM 需要实现在标题界面、游戏中，以及 boss 战这几个场景中播放相应的 Audio Clip。

◆　1. 标题界面的 BGM

TitleManager 脚本用于在标题界面中播放 BGM。SoundManager 类的 soundManager 变量是最开始读取 SoundManager 时保存的 static 变量，可以通过访问它来调用 Sound Manager 类的方法。以 BGMType.Title（标题界面的 BGM）为参数调用了 PlayBgm 方法。

```
public class TitleManager : MonoBehaviour
{
    public GameObject startButton;      // 开始按钮
    public GameObject continueButton;   // 继续按钮

    public string firstSceneName;       // 游戏开始时的场景名

    // Start is called before the first frame update
    void Start()
    {
        string sceneName = PlayerPrefs.GetString("LastScene");      // 保存的场景
        if (sceneName == "")
        {
            continueButton.GetComponent<Button>().interactable = false; // 无效化
        }
        else
```

```
            {
                continueButton.GetComponent<Button>().interactable = true; // 有效化
            }

            // 播放标题BGM
            SoundManager.soundManager.PlayBgm(BGMType.Title);
        }


        // Update is called once per frame
        void Update()
        {

        }
        // 单击开始按钮
        public void StartButtonClicked()
        {
            ～  省略  ～
        }

        // 单击继续按钮
        public void ContinueButtonClicked()
        {
            ～  省略  ～
        }
    }
```

◆ 2. 游戏中 boss 战的 BGM

游戏中各个场景的 BGM 播放通过 RoomManager 的 Start 方法进行。通过 PlayerPrefs. GetString 方法读取保存的当前场景名，并通过判断是否是 boss 关的场景名来切换指定的 BGM。

```
public class RoomManager : MonoBehaviour
{
    // static 变量
    public static int doorNumber = 0;    // 门的编号

    // Start is called before the first frame update
    void Start()
    {
        ～  省略  ～

        // 获取场景名
        string scenename = PlayerPrefs.GetString("LastScene");

        if (scenename == "BossStage")
        {
            // 播放boss战的BGM
```

```
                SoundManager.soundManager.PlayBgm(BGMType.InBoss);
            }
            else
            {
                // 播放游戏中的BGM
                SoundManager.soundManager.PlayBgm(BGMType.InGame);
            }
        }


        // Update is called once per frame
        void Update()
        {

        }

        // 场景切换
        public static void ChangeScene(string scnename, int doornum)
        {
            ～ 省略 ～
        }
    }
```

10.4.4 再挑战后的 BGM

需要对 **UIManager** 类的 **Retry** 方法进行更新。将 **SoundManager** 的 **plyingBGM** 初始化为 **BGMType.None**，这样在读取场景之后就能够正确地播放各关卡（普通关卡或 boss 关）的 BGM 了[⊖]。

```
    public class UIManager : MonoBehaviour
    {
        ～ 省略 ～

        // 再挑战
        public void Retry()
        {
            // HP 恢复
            PlayerPrefs.SetInt("PlayerHP", 3);

            // 清除BGM
            SoundManager.plyingBGM = BGMType.None;
            // 回到游戏中
            SceneManager.LoadScene(retrySceneName);    // 切换场景
        }
    }
```

⊖ 这是因为之后会添加游戏失败的 SE，并中断 BGM 播放。——译者注

10.4.5　播放 SE

接下来播放各种 SE。与 BGM 相同，通过访问 SoundManager 类的 soundManager 变量，调用 SEPlay 方法来播放 SE。

◆ 1. 游戏通关的 SE

在 Exit 脚本的 OnTriggerEnter2D 方法中播放游戏通关的 SE。此外，由于这里需要停止播放 BGM，因此还调用了方法 StopBgm。

```
public class Exit : MonoBehaviour
{
    public string sceneName = "";    // 要切换过去的场景名
    public int doorNumber = 0;        // 门的编号
    public ExitDirection direction = ExitDirection.down; // 门的位置

    // Start is called before the first frame update
    void Start()
    {

    }

    // Update is called once per frame
    void Update()
    {

    }

    private void OnTriggerEnter2D(Collider2D collision)
    {
        if (collision.gameObject.tag == "Player")
        {
            if(doorNumber == 100)
            {
                // 停止BGM
                SoundManager.soundManager.StopBgm();
                // 播放SE（游戏通关）
                SoundManager.soundManager.SEPlay(SEType.GameClear);

                // 游戏通关
                GameObject.FindObjectOfType<UIManager>().GameClear();
            }
            else
            {
                ～　省略　～
            }
        }
    }
}
```

2. 游戏失败的 SE

在 **PlayerController** 脚本的 **GameOver** 方法中播放游戏失败的 SE。此外，由于这里需要停止播放 BGM，因此还调用了方法 **StopBgm**。

```
public class PlayerController : MonoBehaviour
{
    ～  省略  ～

    // 游戏失败
    void GameOver()
    {
        ～  省略  ～

        // 停止BGM
        SoundManager.soundManager.StopBgm();
        // 播放SE（游戏失败）
        SoundManager.soundManager.SEPlay(SEType.GameOver);

    }
}
```

3. 射箭的 SE

在 **ArrowShoot** 脚本的 **Attack** 方法中播放射箭的 SE。

```
public class ArrowShoot : MonoBehaviour
{
    ～  省略  ～

    // Start is called before the first frame update
    void Start()
    {
        ～  省略  ～
    }

    // Update is called once per frame
    void Update()
    {
        ～  省略  ～
    }
    // 攻击
    public void Attack()
    {
        // 持有箭矢且未在攻击状态中
        if (ItemKeeper.hasArrows > 0 && inAttack == false)
        {
            ～  省略  ～

            // 播放SE（射箭）
```

```
            SoundManager.soundManager.SEPlay(SEType.Shoot);

        }
    }

    // 停止攻击
    public void StopAttack()
    {
        inAttack = false;      // 降下攻击的旗标
    }
}
```

至此已开发完成了 Top View 游戏的所有机制。接下来就请参考示例游戏自由地开发游戏关卡吧。

可以看到在示例游戏"Dungeon Shooter"中，在单击按钮、开门、门锁着、获得道具、受到伤害、敌人死亡，以及 boss 死亡时都附带了 SE。通过将各个 SE 类型添加到枚举类型 **SEType** 中，就能够以相应的 SE 类型为参数调用 **SEPlay** 方法了。